아이가 주인공인 책

아이는 스스로 생각하고 매일 성장합니다.
부모가 아이를 존중하고 그 가능성을 믿을 때
새로운 문제들을 스스로 해결해 나갈 수 있습니다.

<기적의 학습서>는 아이가 주인공인 책입니다.
탄탄한 실력을 만드는 체계적인 학습법으로
아이의 공부 자신감을 높여 줍니다.

아이의 가능성과 꿈을 응원해 주세요.
아이가 주인공인 분위기를 만들어 주고,
작은 노력과 땀방울에 큰 박수를 보내 주세요.
<기적의 학습서>가 자녀 교육에 힘이 되겠습니다.

기적의 계산법 응용 UP

초등 1학년 **2**권

기적의 계산법 응용UP · 2권

초판 발행 2021년 1월 15일
초판 8쇄 발행 2023년 6월 5일

지은이 기적학습연구소
발행인 이종원
발행처 길벗스쿨
출판사 등록일 2006년 7월 1일
주소 서울시 마포구 월드컵로 10길 56(서교동)
대표 전화 02)332-0931 | **팩스** 02)333-5409
홈페이지 school.gilbut.co.kr | **이메일** gilbut@gilbut.co.kr

기획 김미숙(winnerms@gilbut.co.kr) | **책임편집** 윤정일
제작 이준호, 손일순, 이진혁 | **영업마케팅** 문세연, 박다슬 | **웹마케팅** 박달님, 정유리, 윤승현
영업관리 김명자, 정경화 | **독자지원** 윤정아, 최희창
디자인 정보라 | **표지 일러스트** 김다예 | **본문 일러스트** 류은형
전산편집 글사랑 | **CTP 출력·인쇄·제본** 벽호

ISBN 979-11-6406-296-6 64410
(길벗스쿨 도서번호 10723)

정가 9,000원

....

독자의 1초를 아껴주는 정성 길벗출판사

길벗스쿨 | 국어학습서, 수학학습서, 유아학습서, 어학학습서, 어린이교양서, 교과서
길벗 | IT실용서, IT/일반 수험서, IT전문서, 경제실용서, 취미실용서, 건강실용서, 자녀교육서
더퀘스트 | 인문교양서, 비즈니스서
길벗이지톡 | 어학단행본, 어학수험서

기적학습연구소 **수학연구원 엄마**의 **고군분투서!**

저는 게임과 유튜브에 빠져 공부에는 무념무상인 아들을 둔 엄마입니다.

오늘도 아들이 조금 눈치를 보는가 싶더니 '잠깐만, 조금만'을 일삼으며 공부를 내일로 또 미루네요.

'그래, 공부보다는 건강이지.' 스스로 마음을 다잡다가도 고학년인데 여전히 공부에

관심이 없는 녀석의 모습을 보고 있자니 저도 모르게 한숨이…….

5학년이 된 아들이 일주일에 한두 번씩 하교 시간이 많이 늦어져서 하루는 앉혀 놓고 물어봤습니다.

수업이 끝나고 몇몇 아이들은 남아서 틀린 수학 문제를 다 풀어야만 집에 갈 수 있다고 하더군요.

맙소사, 엄마가 회사에서 수학 교재를 십수 년째 만들고 있는데, 아들이 수학 나머지 공부라니요? 정신이 번쩍 들었습니다.

저학년 때는 어쩌다 반타작하는 날이 있긴 했지만 곧잘 100점도 맞아 오고 해서 '그래, 머리가 나쁜 건 아니야.' 하고 위안을 삼으며

'아직 저학년이잖아. 차차 나아지겠지.'라는 생각에 공부를 강요하지 않았습니다.

그런데 아이는 어느새 훌쩍 자라 여느 아이들처럼 수학 좌절감을 맛보기 시작하는 5학년이 되어 있었습니다.

학원에 보낼까 고민도 했지만, 그래도 엄마가 수학 전문가인데… 영어면 모를까 내 아이 수학 공부는 엄마표로 책임져 보기로 했습니다.

아이도 나머지 공부가 은근 자존심 상했는지 엄마의 제안을 순순히 받아들이더군요. 매일 계산법 1장, 문장제 1장, 초등수학 1장씩 수학 공부를 시작했습니다. 하지만 기초도 부실하고 학습 습관도 안 잡힌 녀석이 갑자기 하루 3장씩이나 풀다보니 힘에 부쳤겠지요.

호기롭게 시작한 수학 홈스터디는 공부량을 줄이려는 아들과의 전쟁으로 변질되어 갔습니다. 어떤 날은 애교와 엄살로 3장이 2장이 되고,

어떤 날은 울음과 샤우팅으로 3장이 아예 없던 일이 되어버리는 등 괴로움의 연속이었죠. 문제지 한 장과 게임 한 판의 딜이 오가는 일

도 비일비재했습니다. 곧 중학생이 될 텐데… 엄마만 조급하고 녀석은 점점 잔꾀만 늘어가더라고요. 안 하느니만 못한 수학 공부 시간

을 보내며 더이상 이대로는 안 되겠다 싶은 생각이 들었습니다. 이 전쟁을 끝낼 묘안이 절실했습니다.

우선 아이의 공부력에 비해 너무 과한 욕심을 부리지 않기로 했습니다. 매일 퇴근길에 계산법 한쪽과 문장제 한쪽으로 구성된 아이만의

맞춤형 수학 문제지를 한 장씩 만들어 갔지요. 그리고 아이와 함께 풀기 시작했습니다. 앞장에서 꼭 필요한 연산을 익히고, 뒷장에서

연산을 적용한 문장제나 응용문제를 풀게 했더니 응용문제도 연산의 연장으로 받아들이면서 어렵지 않게 접근했습니다. 아이 또한 확

줄어든 학습량에 아주 만족해하더군요. 물론 평화가 바로 찾아온 것은 아니었지만, 결과는 성공적이었다고 자부합니다.

이 경험은 <기적의 계산법 응용UP>을 기획하고 구현하게 된 시발점이 되었답니다.

1. 학습 부담을 줄일 것! 딱 한 장에 앞 연산, 뒤 응용으로 수학 핵심만 공부하게 하자.

2. 문장제와 응용은 꼭 알아야 하는 학교 수학 난이도만큼만! 성취감, 수학자신감을 느끼게 하자.

3. 욕심을 버리고, 매일 딱 한 장만! 짧고 굵게 공부하는 습관을 만들어 주자.

이 책은 위 세 가지 덕목을 갖추기 위해 무던히 애쓴 교재입니다.

<기적의 계산법 응용UP>이 저와 같은 고민으로 괴로워하는 엄마들과 언젠가는 공부하는 재미에

푹 빠지게 될 아이들에게 울트라 종합비타민 같은 선물이 되길 진심으로 바랍니다.

길벗스쿨 기적학습연구소에서

매일 한 장으로 완성하는 **응용UP 학습설계**

Step 1
핵심개념 이해

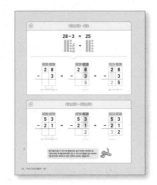

▶ 단원별 핵심 내용을 시각화하여 정리하였습니다. 연산방법, 개념 등을 정확하게 이해한 다음,
사진을 찍듯 머릿속에 담아 두세요. 개념정리만 묶어 나만의 수학개념모음집을 만들어도 좋습니다.

Step 2
연산+응용 균형학습

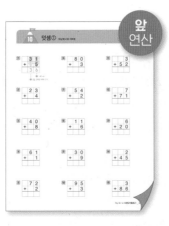

▶ 앞 연산, 뒤 응용으로 구성되어 있어 매일 한 장 학습으로 연산훈련 뿐만 아니라 연산적용 응용문제
까지 한번에 학습할 수 있습니다. 매일 한 장씩 뜯어서 균형잡힌 연산 훈련을 해 보세요.

Step 3
평가로 실력점검

▶ 점수도 중요하지만, 얼마나 이해하고 있는지를 아는 것이 더 중요합니다.
배운 내용을 꼼꼼하게 확인하고, 틀린 문제는 앞으로 돌아가 한번 더 연습하세요.

▶ 매일 연산+응용으로 균형 있게 훈련합니다.

매일 하는 수학 공부, 연산만 편식하고 있지 않나요?
수학에서 연산은 에너지를 내는 탄수화물과 같지만,
그렇다고 밥만 먹으면 영양 불균형을 초래합니다.
튼튼한 근육을 만드는 단백질도 꼭꼭 챙겨 먹어야지요.
기적의 계산법 응용UP은 매일 한 장 학습으로
계산력과 응용력을 동시에 훈련할 수 있도록 만들었습니다.
앞에서 연산 반복훈련으로 속도와 정확성을 높이고,
뒤에서 바로 연산을 활용한 응용 문제를 해결하면서
문제이해력과 연산적용력을 키울 수 있습니다.
균형잡힌 연산 + 응용으로 수학기본기를 빈틈없이 쌓아 나갑니다.

▶ 다양한 응용 유형으로 폭넓게 학습합니다.

반복연습이 중요한 연산, 유형연습이 중요한 응용!
문장제형, 응용계산형, 빈칸추론형, 논리사고형 등 다양한 유형의 응용 문제에 연산을 적용해 보면서
연산에 대한 수학적 시야를 넓히고, 튼튼한 수학기초를 다질 수 있습니다.

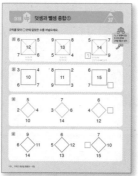

| 문장제형 | | 응용계산형 | | 빈칸추론형 | | 논리사고형 |

▶ 뜯기 한 장으로 언제, 어디서든 공부할 수 있습니다.

한 장씩 뜯어서 사용할 수 있도록 칼선 처리가 되어 있어
언제 어디서든 필요한 만큼 쉽게 공부할 수 있습니다.
매일 한 장씩 꾸준히 풀면서 공부 습관을 길러 봅니다.

차 례

DAY

01
100까지의 수

· 학습 기록표 ·

학습 일차	학습 내용	날짜	맞은 개수	
			연산	응용
DAY 1	**두 자리 수①** 몇십	/	/6	/6
DAY 2	**두 자리 수②** 몇십몇	/	/4	/4
DAY 3	**두 자리 수③** 두 자리 수의 구성	/	/10	/4
DAY 4	**두 자리 수④** 두 자리 수의 분해	/	/10	/4
DAY 5	**수의 순서** 100까지 수의 순서	/	/6	/6
DAY 6	**크기 비교①** 두 수의 크기 비교	/	/18	/5
DAY 7	**크기 비교②** 세 수의 크기 비교	/	/12	/5
DAY 8	**크기 비교③** □가 있는 수의 크기 비교 / 수 만들기	/	/10	/8
DAY 9	**마무리 확인**	/		/14

책상에 붙여 놓고
매일매일 기록해요.

1. 100까지의 수

▶ 몇십

10개씩 묶음 **6개**

60

육십　예순

10개씩 묶음 **7개**

70

칠십　일흔

10개씩 묶음 **8개**

80

팔십　여든

10개씩 묶음 **9개**

90

구십　아흔

▶ 몇십몇

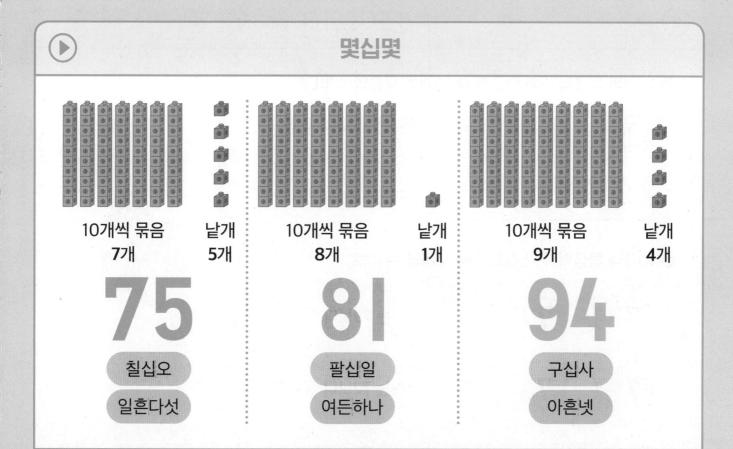

10개씩 묶음 7개　낱개 5개

75

칠십오

일흔다섯

10개씩 묶음 8개　낱개 1개

81

팔십일

여든하나

10개씩 묶음 9개　낱개 4개

94

구십사

아흔넷

➡ 53보다 1만큼 더 큰 수는 **54**

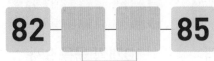

➡ 68보다 1만큼 더 작은 수는 **67**

➡ 82와 85 사이에 있는 수는 **83, 84**

➡ 99보다 1만큼 더 큰 수는 **100** ╱ 백이라고 읽어.

수의 크기 비교

❶ 10개씩 묶음의 수가 다르면 ➡ 10개씩 묶음의 수 비교

"54는 63보다 작습니다."

"63은 54보다 큽니다."

부등호 〉, 〈는
더 큰 쪽으로 벌어져.

❷ 10개씩 묶음의 수가 같으면 ➡ 낱개의 수 비교

"72는 79보다 작습니다."

"79는 72보다 큽니다."

수를 세어 쓰고 읽으세요.

1

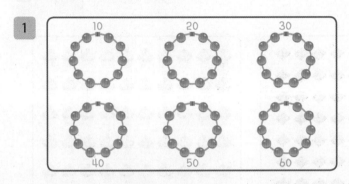

60	읽기	육	십	★	예	순

한자어   우리말

4

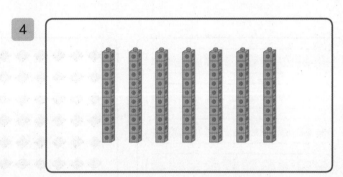

	읽기			★	

2

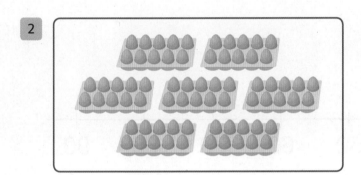

	읽기		★	

5

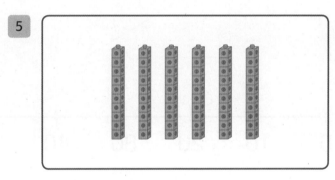

	읽기		★	

3

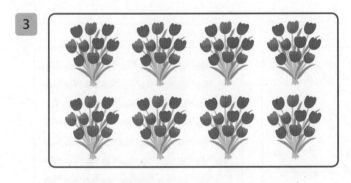

	읽기		★	

6

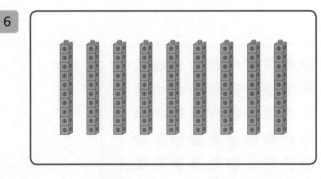

	읽기		★	

두 자리 수 ①

수직선에서 알맞은 수를 찾아 이으세요.

10개씩 묶어서 세어 봐.

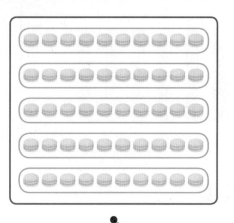

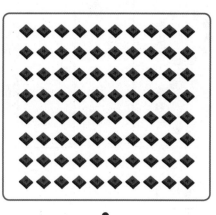

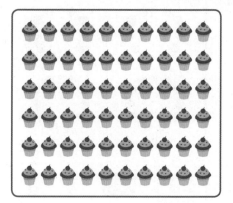

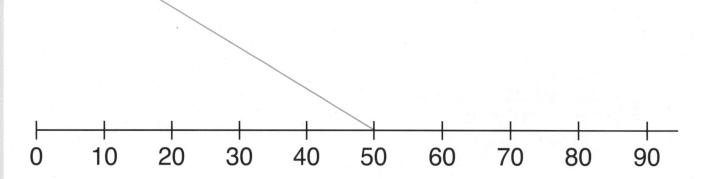

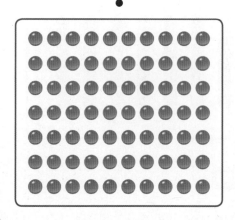

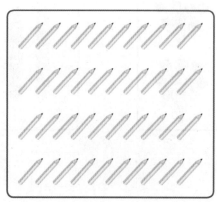

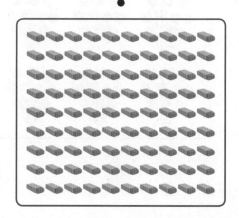

수를 세어 쓰고 읽으세요.

1

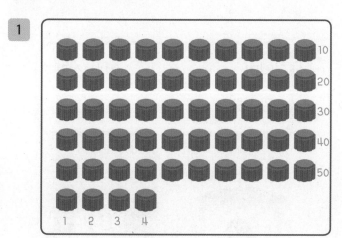

54	읽기	오	십	사	한자어
		쉰	넷		우리말

3

	읽기			

2

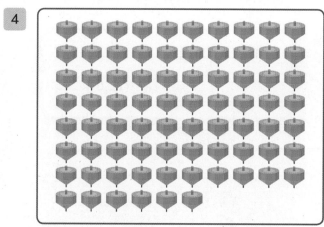

	읽기			

4

	읽기			

그림을 보고 수를 문장에 알맞게 읽으세요.

1

귤이 한 상자에
___일흔___ 개 들어 있어요.

70개

2

내 나이가 벌써
_____ 살이구나.

63

3

엄마, _____ 번 버스가
왔어요.

81

4

우리 집 주소는 월드컵로_____ 길
_____ 번이야.

월드컵로10길
56

□ 안에 알맞은 수를 써넣으세요.

1

10개씩 묶음	낱개
5	3

➡ 53

6

10개씩 묶음	낱개
6	4

➡ ☐

2

10개씩 묶음	낱개
7	9

➡ ☐

7

10개씩 묶음	낱개
5	8

➡ ☐

3

10개씩 묶음	낱개
8	2

➡ ☐

8

10개씩 묶음	낱개
9	1

➡ ☐

4

10개씩 묶음	낱개
6	7

➡ ☐

9

낱개 10개는 10개씩 묶음 1개와 같아.

10개씩 묶음	낱개
6	10

➡ ☐

10개씩 묶음	낱개
6	0
1	0

5

10개씩 묶음	낱개
9	6

➡ ☐

10

10개씩 묶음	낱개
7	15

➡ ☐

1 사탕이 10개씩 5묶음과 낱개로 6개 있습니다.
사탕은 모두 몇 개일까요?

10개씩 묶음	낱개
5	6

➡ 56

답 ___56개___

2 김이 10장씩 8봉지와 낱장으로 4장 있습니다.
김은 모두 몇 장일까요?

답 _____

3 공책이 10권씩 7묶음과 낱권으로 7권 있습니다.
공책은 모두 몇 권일까요?

답 _____

4 현아가 구슬을 10개씩 5묶음과 낱개로 2개 가지고
있고, 준수는 10개씩 4묶음과 낱개로 3개 가지고 있
습니다.
두 사람이 가지고 있는 구슬은 모두 몇 개일까요?

답 _____

빈칸에 알맞은 수를 써넣으세요.

1

86 ➡

10개씩 묶음	낱개
8	6

6

52 ➡

10개씩 묶음	낱개
5	

2

74 ➡

10개씩 묶음	낱개
	4

7

65 ➡

10개씩 묶음	낱개
6	

3

57 ➡

10개씩 묶음	낱개
	7

8

90 ➡

10개씩 묶음	낱개
	0

4

60 ➡

10개씩 묶음	낱개
6	

9

71 ➡

10개씩 묶음	낱개
6	

5

93 ➡

10개씩 묶음	낱개
9	

10

89 ➡

10개씩 묶음	낱개
	19

1 귤 67개를 한 봉지에 10개씩 담으려고 합니다.
귤은 몇 봉지까지 담고 몇 개가 남을까요?

67 →

10개씩 묶음	낱개
6	7

답 귤은 __6봉지__ 까지 담고

__7개__ 가 남습니다.

2 딱지 59장을 한 사람에게 10장씩 나누어 주었습니다.
딱지를 몇 명까지 나누어 주고 몇 장이 남았을까요?

답 딱지를 _____ 까지

나누어 주고 _____ 이

남았습니다.

3 달걀 72개를 한 판에 10개씩 넣어서 팔려고 합니다.
달걀은 몇 판을 팔 수 있을까요?

답 _____

4 동화책 83권을 책꽂이 한 칸에 10권씩 8칸에 꽂고
남은 동화책은 상자에 넣었습니다.
상자에 넣은 동화책은 몇 권일까요?

답 _____

순서에 알맞게 수를 쓰세요.

1 | 55 | 56 | 5ㄱ | 58 | 59 | 60 | 61 | 62 | | 64 |

1만큼 더
큰 수

2 | | 69 | 70 | | | 73 | | 75 | 76 | 77 |

3 | 91 | | 93 | 94 | | | | 98 | 99 | |

수가 1만큼 더 작아지고 있어.
거꾸로 세면서 써 봐.

4 | 89 | 88 | 87 | | | 84 | | 82 | | 80 |

5 | 74 | | 72 | 71 | | | 68 | 67 | 66 | |

6 | | 59 | | 57 | 56 | 55 | | | | 51 |

알맞은 수를 쓰세요.

1 50보다 **1만큼 더 큰** 수 ➡ _51_

63보다 1만큼 더 큰 수 ➡ _____

74보다 1만큼 더 큰 수 ➡ _____

87보다 1만큼 더 큰 수 ➡ _____

4 65보다 1만큼 더 큰 수 ➡ _____

71보다 1만큼 더 큰 수 ➡ _____

86보다 1만큼 더 큰 수 ➡ _____

99보다 1만큼 더 큰 수 ➡ _____

2 51보다 **1만큼 더 작은** 수 ➡ _50_

66보다 1만큼 더 작은 수 ➡ _____

84보다 1만큼 더 작은 수 ➡ _____

95보다 1만큼 더 작은 수 ➡ _____

5 58보다 1만큼 더 작은 수 ➡ _____

62보다 1만큼 더 작은 수 ➡ _____

77보다 1만큼 더 작은 수 ➡ _____

80보다 1만큼 더 작은 수 ➡ _____

3 60과 62 **사이에 있는** 수 ➡ _61_

77과 79 사이에 있는 수 ➡ _____

83과 86 사이에 있는 수 ➡ _____

95와 98 사이에 있는 수 ➡ _____

6 54와 56 사이에 있는 수 ➡ _____

59와 61 사이에 있는 수 ➡ _____

72와 75 사이에 있는 수 ➡ _____

96과 99 사이에 있는 수 ➡ _____

○ 안에 > , < 를 알맞게 써넣으세요.

1 59 < 67
└─5<6─┘

7 75 ◯ 72
└─5>2─┘

13 68 ◯ 86

2 78 ◯ 81

8 64 ◯ 69

14 52 ◯ 50

3 83 ◯ 55

9 92 ◯ 98

15 77 ◯ 97

4 60 ◯ 70

10 56 ◯ 53

16 84 ◯ 89

5 82 ◯ 62

11 71 ◯ 74

17 65 ◯ 58

6 57 ◯ 96

12 88 ◯ 85

18 93 ◯ 91

---

1 꽃집에 장미가 **72**송이, 국화가 **69**송이 있습니다.
꽃집에 더 많이 있는 꽃은 무엇일까요?

72 > 69

답 ___장미___

---

2 연우가 칭찬 붙임딱지를 **83**장 모았고, 준하는 **86**장
모았습니다.
칭찬 붙임딱지를 더 많이 모은 사람은 누구일까요?

답 _____

---

3 동윤이가 아침에 줄넘기를 **55**번 했고, 저녁에 **70**번
했습니다.
동윤이는 언제 줄넘기를 더 적게 했을까요?

답 _____

---

4 탁구공은 **10**개씩 상자에 담으면 **9**상자가 되고 **1**개
가 남습니다. 야구공은 **94**개 있습니다.
더 적게 있는 공은 무엇일까요?

답 _____

---

5 지현이가 딸기를 **10**개씩 **6**묶음과 낱개로 **5**개 땄고,
도윤이는 **10**개씩 **5**묶음과 낱개로 **6**개 땄습니다.
딸기를 더 많이 딴 사람은 누구일까요?

답 _____

가장 큰 수에 ○표, 가장 작은 수에 △표 하세요.

1 92 82 72

9>8>7

7 67 68 64
8>7>4

2 56 70 63

8 77 75 71

3 69 51 87

9 52 57 54

4 74 95 55

10 83 80 89

5 86 58 60

11 61 91 96

6 65 79 81

12 84 73 78

1 현호네 집에 동화책이 **58**권, 위인전이 **53**권, 만화책이 **50**권 있습니다.
가장 많이 있는 책은 무엇일까요?

58 > 53 > 50

답 ___동화책___

2 숲속에 나비가 **76**마리, 벌이 **67**마리, 무당벌레가 **82**마리 있습니다.
가장 적게 있는 곤충은 무엇일까요?

답 _____

3 신발 가게에 구두가 **69**켤레, 운동화가 **72**켤레, 슬리퍼가 **59**켤레 있습니다.
가장 많이 있는 신발은 무엇일까요?

답 _____

4 과일 가게에서 사과 **81**개, 복숭아 **88**개, 자두 **85**개를 팔았습니다.
적게 판 과일부터 순서대로 이름을 쓰세요.

답 _____

5 해수가 색종이를 **94**장 가지고 있고, 청하는 **89**장 가지고 있습니다. 청하는 은서보다 **1**장 더 적게 가지고 있습니다. 색종이를 많이 가지고 있는 사람부터 순서대로 이름을 쓰세요.   은서는 청하보다 1장 더 많게

답 _____

1부터 9까지의 수 중에서 □ 안에 들어갈 수 있는 수를 모두 쓰세요.

□ 안에 3부터 넣어 봐.
34>31이니까
3은 들어갈 수 없어.

1

$$5\square > 57$$

└─ □>7 ─┘

➡ _8, 9_

6

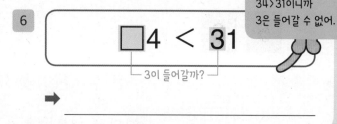

$$\square 4 < 31$$

└─ 3이 들어갈까? ─┘

➡ _____

2

$$6\square < 63$$

➡ _____

7

$$70 < \square 0$$

➡ _____

3

$$76 < 7\square$$

➡ _____

8

$$\square 9 > 77$$

➡ _____

4

$$84 > 8\square$$

➡ _____

9

$$\square 6 < 52$$

➡ _____

5

$$9\square > 95$$

➡ _____

10

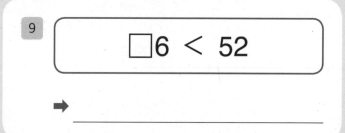

$$58 > \square 5$$

➡ _____

수 카드를 한 번씩만 사용하여 몇십몇을 만드세요.

1

큰 수부터 차례로

큰 수

작은 수

작은 수부터 차례로

5

가장 큰 수 ☐☐

가장 작은 수 ☐☐

2

큰 수 ☐☐

작은 수 ☐☐

6

가장 큰 수 ☐☐

가장 작은 수 ☐☐

3

큰 수 ☐☐

작은 수 ☐☐

7

가장 큰 수 ☐☐

가장 작은 수 ☐☐

4

큰 수 ☐☐

작은 수 ☐☐

8

0은 맨 앞에 올 수 없어!
06(×), 08(×)

가장 큰 수 ☐☐

가장 작은 수 ☐☐

1 □ 안에 알맞은 수를 써넣으세요.

(1)

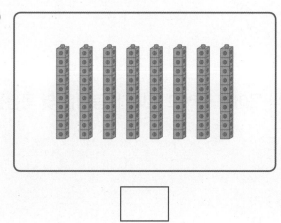

(2)

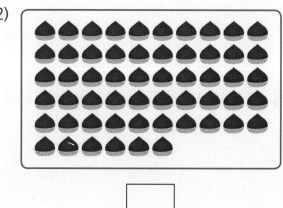

2 빈칸에 알맞은 수를 써넣으세요.

(1)

10개씩 묶음	낱개
6	9

➡

(2)

94 ➡

10개씩 묶음	낱개
9	

3 순서에 알맞게 수를 쓰세요.

(1)

72 — 73 — ☐ — 75 — ☐ — ☐ — 78 — ☐ — ☐ — 81

(2)

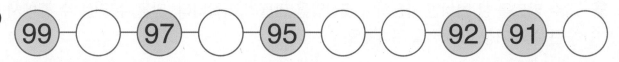

99 — ◯ — 97 — ◯ — 95 — ◯ — ◯ — 92 — 91 — ◯

4 ◯ 안에 >, <를 알맞게 써넣으세요.

(1) 86 83　　(2) 55 62　　(3) 79 90

5 깻잎이 10장씩 6묶음과 낱장으로 3장 있습니다. 깻잎은 모두 몇 장일까요?

( )

6 문구점에서 공책 89권을 한 묶음에 10권씩 묶어서 팔려고 합니다. 공책은 몇 묶음을 팔수 있을까요?

( )

7 태영이와 친구들이 농장에서 고구마를 캤습니다. 태영이가 62개, 수현이가 52개, 세윤이가 59개를 캤습니다. 고구마를 많이 캔 사람부터 순서대로 이름을 쓰세요.

( )

8 1부터 9까지의 수 중에서 □ 안에 들어갈 수 있는 수는 모두 몇 개일까요?

$$54 < \square 3$$

( )

9 수 카드를 한 번씩만 사용하여 몇십몇을 만들려고 합니다. 만들 수 있는 수 중에서 가장 큰 수와 가장 작은 수를 구하세요.

가장 큰 수 ( )

가장 작은 수 ( )

02

덧셈과 뺄셈(1)

책상에 붙여 놓고 매일매일 기록해요.

· 학습 기록표 ·

학습 일차	학습 내용	날짜	맞은 개수	
			연산	응용
DAY 10	**덧셈①** (몇십몇)+(몇) 세로셈	/	/15	/4
DAY 11	**덧셈②** (몇십몇)+(몇십몇) 세로셈	/	/15	/1
DAY 12	**덧셈③** (몇십몇)+(몇), (몇십몇)+(몇십몇) 세로셈	/	/15	/12
DAY 13	**덧셈④** (몇십몇)+(몇), (몇십몇)+(몇십몇) 가로셈	/	/12	/5
DAY 14	**뺄셈①** (몇십몇)−(몇) 세로셈	/	/15	/4
DAY 15	**뺄셈②** (몇십몇)−(몇십몇) 세로셈	/	/15	/12
DAY 16	**뺄셈③** (몇십몇)−(몇), (몇십몇)−(몇십몇) 세로셈	/	/15	/5
DAY 17	**뺄셈④** (몇십몇)−(몇), (몇십몇)−(몇십몇) 가로셈	/	/12	/15
DAY 18	**덧셈과 뺄셈 종합①** (몇십몇)±(몇), (몇십몇)±(몇십몇) 세로셈	/	/15	/8
DAY 19	**덧셈과 뺄셈 종합②** (몇십몇)±(몇), (몇십몇)±(몇십몇) 가로셈	/	/12	/5
DAY 20	**덧셈과 뺄셈 종합③** 덧셈과 뺄셈의 관계	/	/6	/8
DAY 21	**모르는 수 구하기①** 덧셈식에서 □의 값 구하기	/	/12	/2
DAY 22	**모르는 수 구하기②** 뺄셈식에서 □의 값 구하기	/	/12	/4
DAY 23	**마무리 확인**	/		/25

2. 덧셈과 뺄셈(1)

▶ (몇십몇)+(몇)

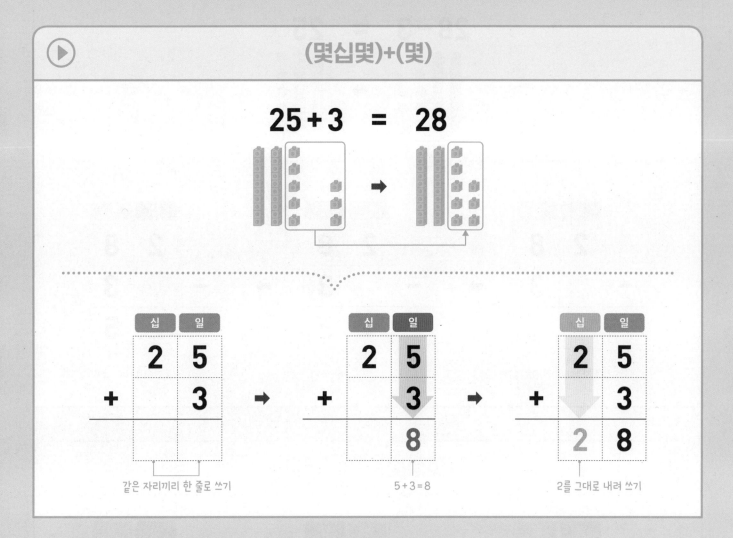

$$25 + 3 = 28$$

십	일
2	5
+	3

같은 자리끼리 한 줄로 쓰기

➡

십	일
2	5
+	3
	8

5+3=8

➡

십	일
2	5
+	3
2	8

2를 그대로 내려 쓰기

▶ (몇십몇)+(몇십몇)

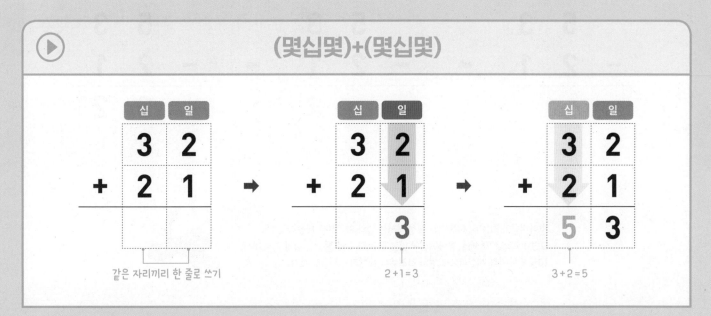

십	일
3	2
+ 2	1

같은 자리끼리 한 줄로 쓰기

➡

십	일
3	2
+ 2	1
	3

2+1=3

➡

십	일
3	2
+ 2	1
5	3

3+2=5

$$28 - 3 = 25$$

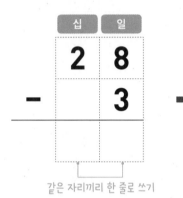

십	일
2	8
-	3

같은 자리끼리 한 줄로 쓰기

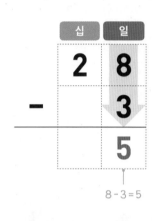

8-3=5

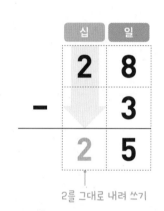

2를 그대로 내려 쓰기

(몇십몇)-(몇십몇)

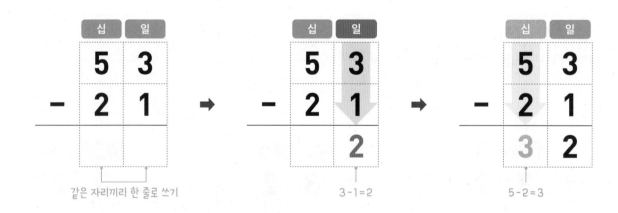

십	일
5	3
2	1

같은 자리끼리 한 줄로 쓰기

3-1=2

5-2=3

받아내림이 없는 두 자리 수의 뺄셈에서는 십의 자리부터 계산해도 돼.
그런데 2학년 때 배울 받아내림이 있는 두 자리 수의 뺄셈은 십의 자리에서
10을 받아내려 계산하니까 일의 자리부터 계산하는 연습을 하자.

1
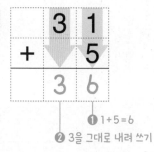

```
    3  1
 +     5
    3  6
```
❶ 1+5=6
❷ 3을 그대로 내려 쓰기

2
```
    2  3
 +     4
```

3
```
    4  0
 +     8
```

4
```
    6  1
 +     1
```

5
```
    7  2
 +     2
```

6
```
    8  0
 +     3
```

7
```
    5  4
 +     2
```

8
```
    1  1
 +     6
```

9
```
    3  0
 +     9
```

10
```
    9  5
 +     3
```

11
```
       3
 +  5  2
```

12
```
       7
 +  7  1
```

13
```
       6
 +  2  0
```

14
```
       2
 +  4  5
```

15
```
       3
 +  8  6
```

1 냉장고에 사과주스 **12**개, 포도주스 **7**개가 있습니다.
냉장고에 있는 주스는 모두 몇 **개**일까요?

 물음에서 모두 구하라고 하면
덧셈식을 세워 해결!

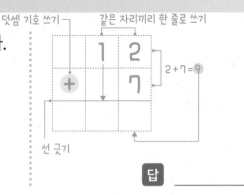

덧셈 기호 쓰기 — 같은 자리끼리 한 줄로 쓰기

2+7=9

선 긋기

답 _____

2 학생 **40**명이 운동장에서 놀고 있었습니다.
잠시 후 학생 **6**명이 더 왔습니다.
운동장에 있는 학생은 모두 몇 명일까요?

답 _____

3 지유가 꽃집에서 빨간 카네이션 **7**송이와 분홍 카네
이션 **21**송이를 샀습니다.
지유가 산 카네이션은 모두 몇 송이일까요?

답 _____

4 서우가 동화책을 **34**쪽 읽고, 위인전을 동화책보다
3쪽 더 많이 읽었습니다.
서우는 위인전을 몇 쪽 읽었을까요?

답 _____

1
```
   2 1
 + 2 4
   4 5
```
❶ 1+4=5
❷ 2+2=4

6
```
   3 5
 + 6 1
```

11
```
   4 2
 + 2 0
```

2
```
   5 2
 + 1 5
```

7
```
   4 0
 + 1 9
```

12
```
   1 4
 + 3 4
```

3
```
   3 0
 + 4 0
```

8
```
   1 1
 + 2 6
```

13
```
   5 0
 + 3 1
```

4
```
   2 3
 + 3 3
```

9
```
   6 0
 + 2 0
```

14
```
   1 2
 + 6 4
```

5
```
   7 4
 + 1 0
```

10
```
   4 3
 + 3 2
```

15
```
   4 2
 + 5 7
```

응용UP 덧셈②

덧셈을 하여 나온 값을 따라가세요.

35와 20의 합

55

$\begin{array}{r} 4\ 1 \\ +\quad 2 \\ \hline \end{array}$

34

77

42

43

68

$\begin{array}{r} 3\ 0 \\ +\ 4\ 0 \\ \hline \end{array}$

$\begin{array}{r} 5\ 3 \\ +\ 1\ 6 \\ \hline \end{array}$

70

60

$\begin{array}{r} 6 \\ +\ 5\ 2 \\ \hline \end{array}$

69

58

3에 62를 더한 값

56

92

65

$\begin{array}{r} 8\ 0 \\ +\ 1\ 9 \\ \hline \end{array}$

99

$\begin{array}{r} 2\ 3 \\ +\ 7\ 4 \\ \hline \end{array}$

97

1
```
    1 4
  +   3
    1 7
```

2
```
    1 3
  + 4 1
```

3
```
    8 2
  +   4
```

4
```
    7 3
  + 2 2
```

5
```
    7 0
  +   8
```

6
```
    4 3
  + 4 0
```

7
```
      2
  + 3 5
```

8
```
    6 3
  + 1 6
```

9
```
      4
  + 6 0
```

10
```
    3 4
  + 1 2
```

11
```
    2 5
  +   3
```

12
```
    6 0
  + 3 0
```

13
```
      2
  + 4 2
```

14
```
    2 0
  + 3 7
```

15
```
    6 4
  + 2 1
```

□ 안에 알맞은 수를 써넣으세요.

1

```
   4 5
 +   1
 ─────
   4 6
```
5에 몇을 더해야
6이 될까?
5+□=6 ➡ □=1

2

```
   3 3
 +   □
 ─────
   □ 8
```

3

```
   □ 0
 +   □
 ─────
   7 2
```

4

```
   8 □
 +   3
 ─────
   □ 9
```

5

```
   1 3
 + 4 □
 ─────
   □ 5
```

6

```
   □ 0
 + 2 □
 ─────
   8 0
```

7

```
   3 □
 + 3 2
 ─────
   □ 4
```

8

```
   4 □
 + □ 0
 ─────
   9 1
```

9

```
     2
 + 2 □
 ─────
   □ 8
```

10

```
     □
 + □ 4
 ─────
   5 7
```

11

```
   □ 2
 + 1 □
 ─────
   9 6
```

12

```
   2 □
 + □ 1
 ─────
   6 3
```

덧셈④ (몇십몇)+(몇), (몇십몇)+(몇십몇) 가로셈

계산 결과 쓰기
↓

1 $56+2=58$

덧셈 기호 쓰기

	5	6
+		2
	5	8

선 긋기

같은 자리끼리 한 줄로 쓰고 계산!

5 $25+50=$

9 $47+2=$

2 $10+7=$

6 $13+71=$

10 $31+25=$

3 $2+81=$

7 $40+20=$

11 $1+90=$

4 $63+6=$

8 $83+15=$

12 $20+12=$

1 강낭콩이 **20**개, 완두콩이 **50**개 있습니다.
콩은 모두 몇 개일까요?

식 $20 + 50 =$

답 _____

2 민석이가 공책 **5**권을 가지고 있었는데 **14**권을 더 샀습니다.
민석이가 가지고 있는 공책은 모두 권일까요?

식

답 _____

3 시아네 농장에 얼룩소가 **37**마리, 황소가 **30**마리 있습니다.
시아네 농장에 있는 소는 모두 몇 마리일까요?

식

답 _____

4 도서관에 책 읽는 사람이 **40**명 있고, 공부하는 사람은 책 읽는 사람보다 **18**명 더 많습니다.
도서관에 있는 사람은 모두 몇 명일까요?

① 먼저 공부하는 사람 수를 구해.
② (책 읽는 사람 수)+(공부하는 사람 수)

답 _____

5 초록색 연필이 **21**자루 있고, 초록색 연필은 노란색 연필보다 **14**자루 더 적습니다.
연필은 모두 몇 자루일까요?

노란색 연필은 초록색 연필보다
14자루 더 많아.

답 _____

1

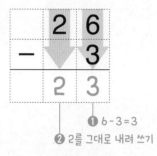

```
    2  6
 -     3
    2  3
```

❶ 6-3=3
❷ 2를 그대로 내려 쓰기

2

```
    3  5
 -     4
```

3

```
    6  3
 -     1
```

4

```
    5  7
 -     3
```

5

```
    7  4
 -     4
```

6

```
    1  9
 -     7
```

7

```
    8  7
 -     2
```

8

```
    2  8
 -     4
```

9

```
    9  4
 -     1
```

10

```
    4  3
 -     2
```

11

```
    8  5
 -     5
```

12

```
    5  8
 -     6
```

13

```
    7  9
 -     6
```

14

```
    3  8
 -     2
```

15

```
    6  7
 -     3
```

응용 UP 뺄셈 ①

1 윤솔이가 젤리를 **38**개 가지고 있었습니다.
그중에서 **7**개를 현서에게 주었습니다.
윤솔이에게 남은 젤리는 몇 **개**일까요?

 물음에서 남은 무엇을 구하라고 하면 뺄셈식을 세워 해결!

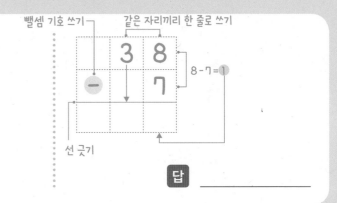

뺄셈 기호 쓰기 ── 같은 자리끼리 한 줄로 쓰기

8 - 7 = 1

선 긋기

답 _____

2 우주네 학교 알뜰 시장에 동화책이 **29**권, 과학책이
5권 있습니다.
동화책은 과학책보다 몇 권 더 많을까요?

답 _____

3 나무 위에 원숭이가 **17**마리 있었는데 **2**마리가 땅으
로 내려왔습니다.
나무 위에 남아 있는 원숭이는 몇 마리일까요?

답 _____

4 태수네 가족이 텃밭에서 오이 **6**개, 방울토마토 **46**개
를 땄습니다.
오이는 방울토마토보다 몇 개 더 적을까요?

답 _____

1

```
    3 7
  - 2 5
    1 2
```
❶ 7-5=2
❷ 3-2=1

6

```
    4 6
  - 1 1
```

11

```
    8 0
  - 2 0
```

2

```
    6 8
  - 1 4
```

7

```
    7 0
  - 6 0
```

12

```
    2 5
  - 1 2
```

3

```
    5 0
  - 3 0
```

8

```
    9 7
  - 3 4
```

13

```
    7 6
  - 5 0
```

4

```
    7 5
  - 4 2
```

9

```
    6 2
  - 2 0
```

14

```
    8 8
  - 1 3
```

5

```
    8 9
  - 4 0
```

10

```
    3 8
  - 1 7
```

15

```
    5 9
  - 2 2
```

□ 안에 알맞은 수를 써넣으세요.

1
```
    1  7
 -    4    ← 7에서 몇을 빼야 3이 될까?
 --------    7-□=3 ➡ □=4
    1  3
```

2
```
    6  8
 -    □
 --------
    □  1
```

3
```
    □  5
 -     □
 --------
    8  2
```

4
```
    5  □
 -     2
 --------
    □  0
```

5
```
    4  6
 -  2  □
 --------
    □  4
```

6
```
    □  7
 -  5  □
 --------
    4  6
```

7
```
    7  □
 -  4  0
 --------
    □  9
```

8
```
    8  □
 -  □  3
 --------
    6  5
```

9
```
    3  9
 -     □
 --------
    □  2
```

10
```
    4  □
 -     2
 --------
    □  3
```

11
```
    □  7
 -  1  □
 --------
    5  4
```

12
```
    2  □
 -  □  1
 --------
    1  5
```

1

```
    4 8
 −    5
    4 3
```

6

```
    5 7
 −  2 6
```

11

```
    6 8
 −    1
```

2

```
    7 4
 −  6 3
```

7

```
    8 6
 −    2
```

12

```
    9 0
 −  6 0
```

3

```
    3 7
 −    2
```

8

```
    4 8
 −  2 0
```

13

```
    7 9
 −    8
```

4

```
    6 0
 −  1 0
```

9

```
    1 7
 −    4
```

14

```
    5 5
 −  3 0
```

5

```
    2 6
 −    4
```

10

```
    6 9
 −  2 3
```

15

```
    9 6
 −    3
```

1 책상 위에 카드가 80장, 봉투가 30장 있습니다.
카드는 봉투보다 몇 장 더 많을까요?

식 $80 - 30 =$

답 _____

2 윤재가 막대사탕을 47개 가지고 있었는데 동생에게
4개를 주었습니다.
윤재에게 남아 있는 막대사탕은 몇 개일까요?

식

답 _____

3 은행나무가 56그루, 단풍나무가 40그루 있습니다.
단풍나무는 은행나무보다 몇 그루 더 적을까요?

식

답 _____

4 빨간색 양말이 78켤레 있습니다.
초록색 양말은 빨간색 양말보다 3켤레 더 적고, 노란
색 양말은 초록색 양말보다 10켤레 더 적습니다.
노란색 양말은 몇 켤레일까요?

답 _____

5 초콜릿이 99봉지 있습니다.
초콜릿은 젤리보다 15봉지 더 많고, 젤리는 캐러멜
보다 12봉지 더 많습니다.
캐러멜은 몇 봉지일까요?

주의

덧셈? 뺄셈?
더 많다고 꼭 덧셈식으로 구하는 건 아니야.
무엇을 구하라고 하는지 문제를 잘 읽어 봐.

답 _____

계산 결과 쓰기
↓

1 73-2=71

뺄셈 기호 쓰기

	7	3
−		2
	7	1

선 긋기

같은 자리끼리 한 줄로 쓰고 계산!

5 96-52=

9 57-4=

2 66-4=

6 47-20=

10 79-41=

3 38-3=

7 85-34=

11 45-5=

4 84-1=

8 50-40=

12 95-23=

응용 UP 뺄셈④

빈칸에 알맞은 수를 써넣으세요.

가로줄
① 43−20
② 76과 5의 차
⑤ 87−53
⑥ 64에서 2를 뺀 값
⑦ 70−30
⑧ 58과 46의 차
⑩ 89−62
⑪ 97에서 13을 뺀 값

세로줄
① 29와 1의 차
③ 98−34
④ 57에서 5를 뺀 값
⑤ 40−10
⑥ 86과 21의 차
⑧ 67−50
⑨ 48에서 24를 뺀 값

1
```
    6 3
+     6
```

2
```
    3 8
−     4
```

3
```
    1 4
+   4 3
```

4
```
    8 7
−   1 7
```

5
```
      3
+   9 0
```

6
```
    4 9
−     2
```

7
```
    5 1
+   3 7
```

8
```
    4 0
−   2 0
```

9
```
    1 3
+     2
```

10
```
    5 6
−     4
```

11
```
    2 0
+   1 5
```

12
```
    9 4
−   5 3
```

13
```
      2
+   7 4
```

14
```
    6 8
−     5
```

15
```
    1 1
+   1 6
```

계산이 맞으면 ○표, 틀리면 ∨표 하고 틀린 답은 바르게 고치세요.

∨ 1
```
   5 0
 +   1
 ─────
  5̶0̶1̶   51
```

2
```
   4 5
 + 3 4
 ─────
   7 9
```

3
```
     2
 + 2 6
 ─────
   2 8
```

4 12 + 77 = 98

5
```
   6 5
 −   2
 ─────
   6 3
```

6
```
   7 6
 − 7 2
 ─────
   7 4
```

7
```
   8 3
 −   3
 ─────
   5 0
```

8 92 − 20 = 72

1 57−35 =

2 80+4 =

3 65−4 =

4 16+41 =

5 43−30 =

6 2+76 =

7 98−3 =

8 20+60 =

9 78−24 =

10 43+3 =

11 37−7 =

12 51+48 =

1 지우가 줄넘기를 어제는 **36**번, 오늘은 **41**번 했습니다. 지우는 어제와 오늘 줄넘기를 모두 몇 **번** 했을까요?

식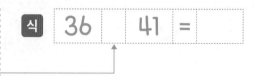

└─ 더하기? 빼기? ─┘

 모두 ➡ 덧셈식
남아 있는 ➡ 뺄셈식

답 _____

2 바구니에 사과가 **22**개 있었는데 **7**개를 더 넣었습니다.
바구니에 있는 사과는 모두 몇 개일까요?

식

답 _____

3 채현이가 색종이를 **58**장 가지고 있습니다.
이 중에서 **13**장을 사용하면 남는 색종이는 몇 장일까요?

식

답 _____

4 꽃밭에 빨간 장미가 **60**송이, 노란 장미가 **34**송이 있습니다.
꽃밭에 있는 장미는 모두 몇 송이일까요?

식

답 _____

5 동물원 기념품 가게에 호랑이 인형이 **27**개, 사자 인형이 **37**개 있습니다.
어느 동물 인형이 몇 개 더 많을까요?

식

답 _____ , _____

덧셈식은 뺄셈식으로, 뺄셈식은 덧셈식으로 나타내세요.

1

40	30
70	

$$40 + 30 = 70$$

➡ | 70 | − | 30 | = | |

    | 70 | − | 40 | = | |

4

19	
13	6

$$19 - 6 = 13$$

➡ | 13 | + | 6 | = | |

    | 6 | + | 13 | = | |

2

8	21
29	

$$8 + 21 = 29$$

➡ | | − | | = | |

    | | − | | = | |

5

54	
20	34

$$54 - 34 = 20$$

➡ | | + | | = | |

    | | + | | = | |

3

66	32
98	

$$66 + 32 = 98$$

➡ | |

    | |

6

87	
42	45

$$87 - 45 = 42$$

➡ | |

    | |

□ 안에 알맞은 수를 써넣으세요.

1
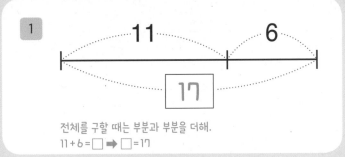
11   6
17

전체를 구할 때는 부분과 부분을 더해.
11+6=□ ➡ □=17

5

37
12   25

부분을 구할 때는 전체에서 다른 부분을 빼.
37-12=□ ➡ □=25

2
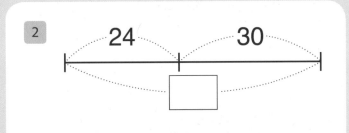
24   30

6
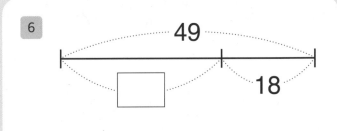
49
18

3
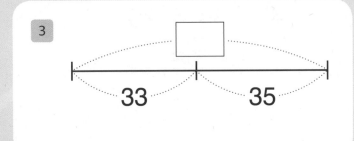
33   35

7
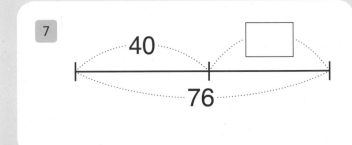
40
76

4
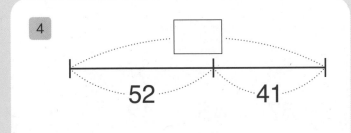
52   41

8
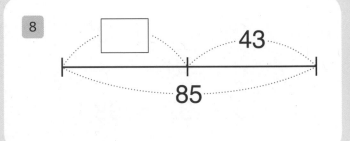
43
85

바로
개념

전체를 구할 때는 (덧셈 , 뺄셈)으로,
부분을 구할 때는 (덧셈 , 뺄셈)으로
계산하는구나.

□ 안에 알맞은 수를 써넣으세요.

1 $24 + \boxed{43} = 67$

$67 - 24 = \boxed{} \Rightarrow \boxed{} = 43$

2 $53 + \boxed{} = 59$

3 $21 + \boxed{} = 38$

4 $4 + \boxed{} = 26$

5 $10 + \boxed{} = 94$

6 $72 + \boxed{} = 75$

7 $\boxed{30} + 20 = 50$

$50 - 20 = \boxed{} \Rightarrow \boxed{} = 30$

8 $\boxed{} + 41 = 46$

9 $\boxed{} + 35 = 87$

10 $\boxed{} + 2 = 65$

11 $\boxed{} + 11 = 19$

12 $\boxed{} + 73 = 98$

과일이 나타내는 수를 쓰세요.

1

45	+		=	56
−		+		
	+		=	
=		=		
	+		=	

= _____11_____

= _____

= _____

= _____

2

	+		=	64
+		+		
	−		=	
=		=		
58	−		=	

= _____

= _____

= _____

= _____

□ 안에 알맞은 수를 써넣으세요.

1 $36 - \boxed{12} = 24$

$36 - 24 = \square \Rightarrow \square = 12$

2 $67 - \boxed{} = 63$

3 $88 - \boxed{} = 15$

4 $49 - \boxed{} = 42$

5 $51 - \boxed{} = 31$

6 $97 - \boxed{} = 56$

7 $\boxed{27} - 10 = 17$

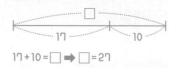

$17 + 10 = \square \Rightarrow \square = 27$

8 $\boxed{} - 6 = 52$

9 $\boxed{} - 32 = 33$

10 $\boxed{} - 3 = 70$

11 $\boxed{} - 21 = 25$

12 $\boxed{} - 5 = 84$

1 정한이는 구슬 **28**개를 가지고 있었습니다.
동생에게 몇 개를 주었더니 **11**개가 남았습니다.
동생에게 준 구슬은 몇 개일까요?

구해야 할 것을 □로 놓고
식을 세워 봐.

식 $28 - \square = 11$

$28 - 11 = \square \Rightarrow \square = 17$

답 _____

2 나뭇가지에 새 **12**마리가 앉아 있었는데 몇 마리가
더 날아와서 **18**마리가 되었습니다.
더 날아온 새는 몇 마리일까요?

식

답 _____

3 공원에 있던 어린이 중에서 **25**명이 집으로 돌아가고
4명이 남았습니다.
처음 공원에 있었던 어린이는 몇 명일까요?

식

답 _____

4 저금통에 동전 **13**개를 더 넣었더니 **47**개가 되었습니다.
처음 저금통에 있었던 동전은 몇 개일까요?

식

답 _____

1 덧셈을 하세요.

(1)
```
    1 3
+     5
-------
```

(2)
```
    2 5
+ 1 0
-------
```

(3)
```
    4 1
+ 2 3
-------
```

(4) $80 + 3 =$

(5) $30 + 21 =$

(6) $11 + 14 =$

(7) $4 + 45 =$

(8) $10 + 60 =$

(9) $74 + 23 =$

2 뺄셈을 하세요.

(1)
```
    4 6
-     5
-------
```

(2)
```
    5 3
- 3 0
-------
```

(3)
```
    7 8
- 2 6
-------
```

(4) $38 - 4 =$

(5) $75 - 60 =$

(6) $59 - 12 =$

(7) $93 - 3 =$

(8) $88 - 20 =$

(9) $67 - 41 =$

3 □ 안에 알맞은 수를 써넣으세요.

(1)
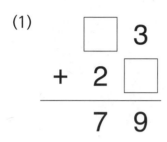

(2)
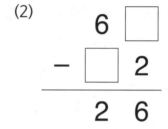

4 □ 안에 알맞은 수를 써넣으세요.

(1)
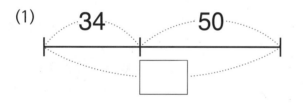

(2)
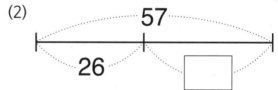

5 크림빵이 42개, 단팥빵이 23개 있습니다. 크림빵과 단팥빵은 모두 몇 개일까요?

식 _____   답 _____

6 연아네 집에 있는 강아지의 나이는 15살이고, 고양이의 나이는 4살입니다. 강아지는 고양이보다 몇 살 더 많을까요?

식 _____   답 _____

7 지수는 색연필 30자루를 가지고 있었습니다. 생일에 몇 자루를 선물 받아서 54자루가 되었습니다. 지수가 선물 받은 색연필은 몇 자루일까요?

식 _____   답 _____

03

여러 가지 모양

· 학습 기록표 ·

학습 일차	학습 내용	날짜	맞은 개수	
			연산	응용
DAY 24	**여러 가지 모양①** 모양 찾기	/	/5	/1
DAY 25	**여러 가지 모양②** 모양 추론	/	/15	/4
DAY 26	**여러 가지 모양③** 모양 꾸미기	/	/4	/1
DAY 27	**마무리 확인**	/		/8

책상에 붙여 놓고
매일매일 기록해요.

1 $1+2+4=7$

2 $2+5+1=$

3 $3+1+1=$

4 $1+6+2=$

5 $2+2+2=$

6 $4+1+5=$

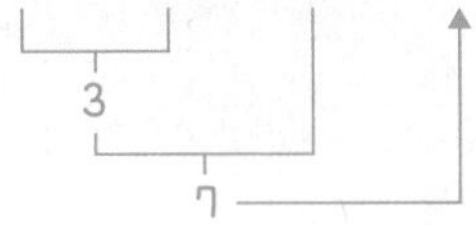

7 $8-3-3=$

8 $5-3-1=$

9 $6-1-2=$

10 $4-1-3=$

11 $7-2-1=$

12 $9-5-2=$

13 $6+4+1=$

14 $2+3+7=$

15 $9+8+1=$

16 $5+5+6=$

17 $7+8+2=$

18 $4+5+6=$

1 붕어빵 10개 중에서 내가 1개, 오빠가 3개를 먹었습니다.
남아 있는 붕어빵은 몇 개일까요?

식 $10 - 1 - 3 =$
　　9
　　　6

답 _____

2 농장에 사과나무 6그루, 감나무 4그루가 있습니다.
오늘 배나무 5그루를 더 심었다면 농장에 있는 나무는 모두 몇 그루일까요?

식

답 _____

3 놀이공원 코끼리 열차에 18명이 타고 있었습니다.
첫 번째 정류장에서 9명이 내리고, 두 번째 정류장에서 6명이 내렸습니다.
코끼리 열차에 몇 명이 타고 있을까요?

식

답 _____

4 정호가 초콜릿을 어제는 4개, 오늘은 어제보다 3개 더 먹었습니다.
정호가 어제와 오늘 먹은 초콜릿은 모두 몇 개일까요?

식

답 _____

5 설아가 공책 12권을 선물 받았는데 해준이와 연수에게 각각 4권씩 나누어 주었습니다.
공책은 몇 권 남았을까요?

식

답 _____

마무리 확인

1 계산하세요.

(1) $5+5=$
$5+6=$
$5+7=$
$5+8=$

(2) $11-2=$
$11-3=$
$11-4=$
$11-5=$

(3) $4+8=$
$8+4=$
$8+7=$
$7+8=$

2 계산하세요.

(1) $1+2+3=$

(2) $8-1-2=$

(3) $2+8+3=$

(4) $9-6-2=$

(5) $4+2+1=$

(6) $10-6-2=$

(7) $4+3+7=$

(8) $12-3-1=$

(9) $9+2+5=$

3 □ 안에 알맞은 수를 써넣으세요.

(1) $9+\boxed{}=11$

(2) $15-\boxed{}=6$

(3) $\boxed{}+4=10$

(4) $\boxed{}-5=8$

(5) $7+\boxed{}=14$

(6) $11-\boxed{}=7$

(7) $\boxed{}+7=12$

(8) $\boxed{}-5=5$

(9) $4+\boxed{}=13$

4 옆으로 뺄셈식이 되는 세 수를 모두 찾아 $\boxed{□ - □ = □}$ 표 하세요.

5	12	8	4	1
13	6	7	15	9
16	8	10	7	3
7	11	5	6	14
12	3	17	9	8

5 도서관에서 진수가 동화책을 4권, 송아가 1권, 연희가 3권 빌렸습니다. 세 사람이 빌린 동화책은 모두 몇 권일까요?

식 _____   답 _____

6 도넛 7개 중에서 어제는 2개, 오늘은 4개를 먹었습니다. 남아 있는 도넛은 몇 개일까요?

식 _____   답 _____

7 어항에 물고기 8마리를 더 넣었더니 17마리가 되었습니다. 처음 어항에 있었던 물고기는 몇 마리일까요?

식 _____   답 _____

06

시계 보기와 규칙 찾기

· 학습 기록표 ·

학습 일차	학습 내용	날짜	맞은 개수	
			연산	응용
DAY 46	**시계 보기 ①** 시각 쓰기	/	/12	/4
DAY 47	**시계 보기 ②** 시각 나타내기	/	/12	/3
DAY 48	**규칙 찾기 ①** 반복되는 규칙 찾기	/	/6	/4
DAY 49	**규칙 찾기 ②** 수 배열에서 규칙 찾기	/	/6	/3
DAY 50	**마무리 확인**	/		/12

책상에 붙여 놓고
매일매일 기록해요.

6. 시계 보기와 규칙 찾기

▶ 몇 시

나는 시계라고 해.
숫자 1~12와 눈금을 가리키는
짧은바늘과 긴바늘을
가지고 있어.

난 바늘이 없는 전자시계야.
: 앞과 뒤에 숫자가 있지.

시　분

| 짧은바늘: 3 | |
| 긴바늘: 12 | |

→ 쓰기 **3시**
→ 읽기 **세 시**

긴바늘이 12를 가리킬 때
짧은바늘이 가리키는
숫자에 시를 붙여 읽어.

▶ 몇 시 30분

시곗바늘은 오른쪽 방향으로 돌아.
짧은바늘이 2를 지나고 3에는
가기 전이니까 2시 몇 분이야.

| 짧은바늘: 2와 3 사이 | |
| 긴바늘: 6 | |

→ 쓰기 **2시 30분**
→ 읽기 **두 시 삼십 분**

긴바늘이 6을 가리킬 때
몇 시 30분이라고 말해.

· 두 개가 반복되는 규칙

처음에 있는 버섯이
다시 나오는 곳을 찾아.

규칙 ▶ 버섯 – 피망이 반복됩니다.

· 세 개가 반복되는 규칙

규칙 ▶ 버섯 – 피망 – 피망이 반복됩니다.

 수 배열에서 규칙 찾기

· 수가 커지는 규칙

규칙 ▶ 1부터 시작하여 **2씩** 커집니다.
1부터 시작하여 2씩 뛰어 세는 규칙입니다.

· 수가 작아지는 규칙

규칙 ▶ 9부터 시작하여 **1씩** 작아집니다.
9부터 시작하여 1씩 거꾸로 뛰어 세는 규칙입니다.

어떤 한 순간을 시, 분 등을 써서 나타낸
것으로 1시, 2시 30분 등을 말해.

시각을 쓰세요.

1

짧은바늘: 1 ⎱
긴바늘: 12 ⎰ → 1시

$\boxed{1}$ 시

5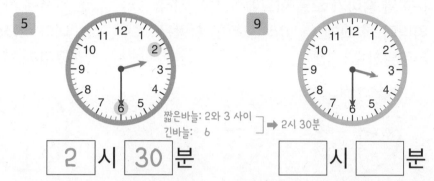

짧은바늘: 2와 3 사이 ⎱
긴바늘: 6 ⎰ → 2시 30분

$\boxed{2}$ 시 $\boxed{30}$ 분

9

$\boxed{}$ 시 $\boxed{}$ 분

2

$\boxed{}$ 시

6

$\boxed{}$ 시 $\boxed{}$ 분

10

$\boxed{}$ 시 $\boxed{}$ 분

3

$\boxed{}$ 시

7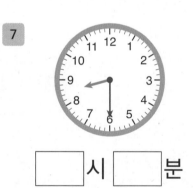

$\boxed{}$ 시 $\boxed{}$ 분

11

$\boxed{}$ 시 $\boxed{}$ 분

4

$\boxed{}$ 시

8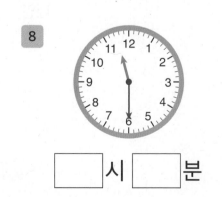

$\boxed{}$ 시 $\boxed{}$ 분

12

$\boxed{}$ 시 $\boxed{}$ 분

1 준희와 승아가 오늘 학교에 도착한 시각입니다. 학교에 더 빨리 도착한 사람은 누구일까요?

준희   승아

8시 30분 ➡ 9시

더 빨리, 더 먼저, 일찍
➡ 더 빠른 시각

답 ___준희___

3 은서네 가족이 어제 잠자리에 든 시각입니다. 가장 늦게 잠자리에 든 사람은 누구일까요?

은서   어머니   아버지

답 _____

2 동현이가 오늘 미술관에서 친구들을 만난 시각입니다. 더 먼저 만난 친구는 누구일까요?

시연   민재

답 _____

4 태영, 윤수, 연주가 오늘 아침에 일어난 시각입니다. 일찍 일어난 사람부터 순서대로 이름을 쓰세요.

태영   윤수   연주

답 _____

47 DAY

시계 보기 ② 시각 나타내기

시계에 시각을 나타내세요.

1

2시

→ 짧은바늘: 2
긴바늘: 12

2 5시

3 8시

4 11시

5

1시 30분

→ 짧은바늘: 1과 2 사이
긴비늘: 6

6 4시 30분

7 9시 30분

8 12시 30분

9  3:00

10 6:00

11 7:30

12 10:30

1 준성이는 **12시**에 점심 식사를 시작하여 시계의 긴바늘이 **1바퀴** 돌았을 때 끝냈습니다.
점심 식사를 끝낸 시각을 시계에 나타내고 시각을 쓰세요.

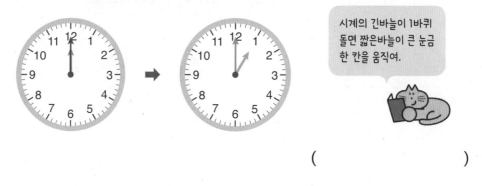

시계의 긴바늘이 1바퀴
돌면 짧은바늘이 큰 눈금
한 칸을 움직여.

(   )

2 아현이는 **3시 30분**에 친구를 만나 시계의 긴바늘이 **1바퀴** 돌았을 때 집으로 돌아갔습니다.
집으로 돌아간 시각을 시계에 나타내고 시각을 쓰세요.

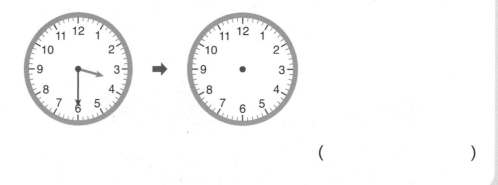

(   )

3 호준이네 가족은 **7시**에 영화 관람을 시작하여 시계의 긴바늘이 **2바퀴** 돌았을 때 끝냈습니다.
영화 관람을 끝낸 시각을 시계에 나타내고 시각을 쓰세요.

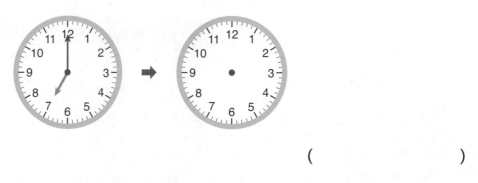

(   )

규칙 찾기 ① 반복되는 규칙 찾기

규칙에 따라 알맞게 그리세요.

1

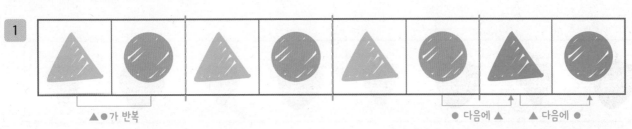

▲●가 반복   ● 다음에 ▲   ▲ 다음에 ●

2

3

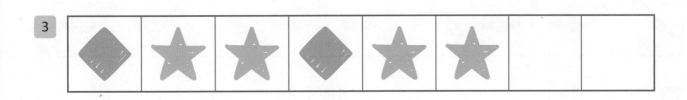

4

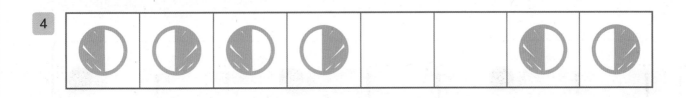

5

6

응용 UP **규칙 찾기①**

규칙을 찾아 말하고 쓰세요.

1

딸기   포도

규칙 ▶ | 딸기 | — | 포도 | 가 반복됩니다.

2

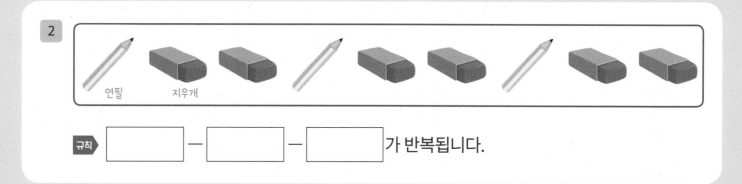

연필   지우개

규칙 ▶ | | — | | — | | 가 반복됩니다.

3

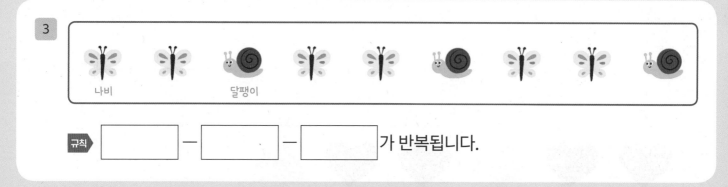

나비   달팽이

규칙 ▶ | | — | | — | | 가 반복됩니다.

4

인형   로봇

규칙 ▶ | | — | | — | | — | | 이 반복됩니다.

규칙 찾기 ② 수 배열에서 규칙 찾기

규칙에 따라 빈칸에 알맞은 수를 써넣으세요.

1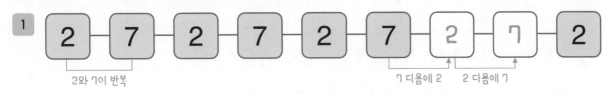

2

수가 몇씩 커지거나 작아지는
규칙을 찾는 문제야.

3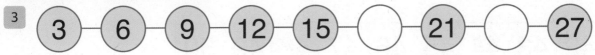

4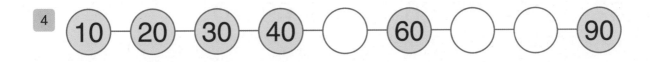

5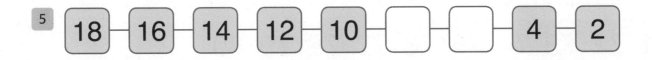

6

규칙에 따라 색칠하고 색칠한 수에 있는 규칙을 쓰세요.

1

11	12	13	14	15	16	17	18	19	20
21	22	23	24	25	26	27	28	29	30
31	32	33	34	35	36	37	38	39	40

규칙 ▶ 11부터 시작하여 | 2 | 씩 커집니다.

2

41	42	43	44	45	46	47	48	49	50
51	52	53	54	55	56	57	58	59	60
61	62	63	64	65	66	67	68	69	70

규칙 ▶ 42부터 시작하여 | | 씩 커집니다.

3

71	72	73	74	75	76	77	78	79	80
81	82	83	84	85	86	87	88	89	90
91	92	93	94	95	96	97	98	99	100

규칙 ▶ _____

1 시각을 쓰세요.

(1)

(2)

(3)

□ 시 □ 분　　　□ 시　　　□ 시 □ 분

2 시계에 시각을 나타내세요.

(1) 4시

(2) 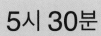 5시 30분

(3) 9시

3 규칙에 따라 빈칸에 알맞은 모양을 그리세요.

4 규칙에 따라 빈칸에 알맞은 수를 써넣으세요.

 17 – 15 – 13 – 11 – 9 – 7 – □ – □ – 1

5 현우, 나은, 진서가 도서관에 도착한 시각입니다. 가장 빨리 도착한 사람은 누구일까요?

현우　　　　　나은　　　　　진서

(　　　　　　　　　)

6 아현이는 8시 30분에 종이접기를 시작하여 시계의 긴바늘이 1바퀴 돌았을 때 끝냈습니다. 종이접기를 끝낸 시각을 시계에 나타내고 시각을 쓰세요.

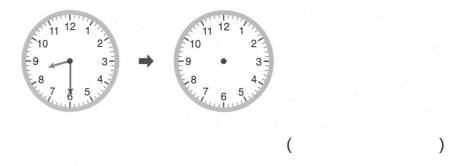

(　　　　　　　　　)

7 규칙을 찾아 쓰세요.

(1)

규칙

(2)

| 61 | 62 | 63 | 64 | 65 | 66 | 67 | 68 | 69 | 70 |
| 71 | 72 | 73 | 74 | 75 | 76 | 77 | 78 | 79 | 80 |

규칙

앗!

본책의 정답과 풀이를 분실하셨나요?
길벗스쿨 홈페이지에 들어오시면 내려받으실 수 있습니다.
https://school.gilbut.co.kr/

기적의 계산법 응용UP

정답과 풀이

2권

01 100까지의 수

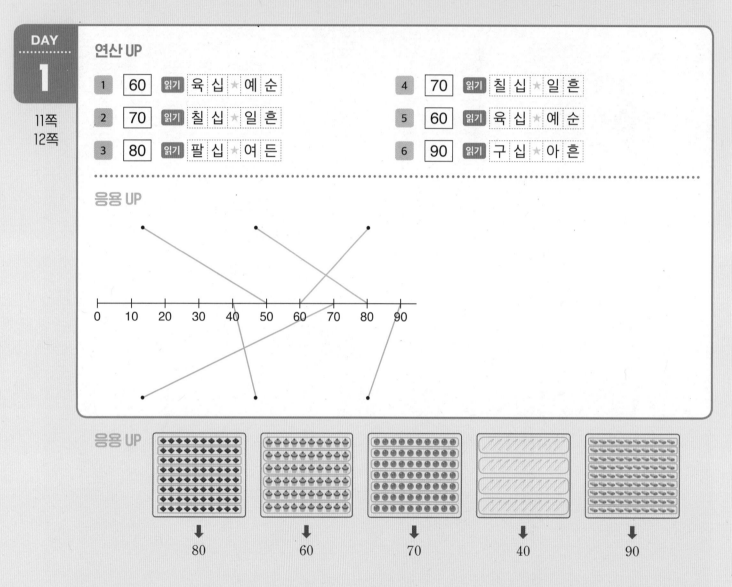

DAY 1

11쪽
12쪽

연산 UP

1 | 60 | 읽기 | 육 십 ★ 예 순

2 | 70 | 읽기 | 칠 십 ★ 일 흔

3 | 80 | 읽기 | 팔 십 ★ 여 든

4 | 70 | 읽기 | 칠 십 ★ 일 흔

5 | 60 | 읽기 | 육 십 ★ 예 순

6 | 90 | 읽기 | 구 십 ★ 아 흔

응용 UP

0 10 20 30 40 50 60 70 80 90

응용 UP

80   60   70   40   90

DAY 2

13쪽
14쪽

연산 UP

1 | 54 | 읽기 | 오 십 사 / 쉰 넷

2 | 83 | 읽기 | 팔 십 삼 / 여 든 셋

3 | 69 | 읽기 | 육 십 구 / 예 순 아 홉

4 | 76 | 읽기 | 칠 십 육 / 일 흔 여 섯

응용 UP

1 일흔

2 예순세

3 팔십일

4 십, 오십육

연산 UP

1	53	6	64
2	79	7	58
3	82	8	91
4	67	9	70
5	96	10	85

응용 UP

1 56개
2 84장
3 77권
4 95개

응용 UP

2

10장씩 묶음	낱장
8	4

➡ 84

3

10권씩 묶음	낱권
7	7

➡ 77

4

10개씩 묶음	낱개
5	2
4	3
9	5

➡ 95

연산 UP

1	8	6	2
2	7	7	5
3	5	8	9
4	0	9	11
5	3	10	7

응용 UP

1 6봉지, 7개
2 5명, 9장
3 7판
4 3권

응용 UP

2

59 ➡

10장씩 묶음	낱장
5	9

딱지를 5명까지 나누어 주고 9장이 남았습니다.

3

72 ➡

10개씩 묶음	낱개
7	2

달걀은 7판을 팔 수 있고 2개가 남습니다.

4

83 ➡

10권씩 묶음	낱권
8	3

동화책을 책꽂이 8칸에 꽂고 상자에 3권을 넣었습니다.

연산 UP

1   57, 59, 62, 63

2   68, 71, 72, 74

3   92, 95, 96, 97, 100

4   86, 85, 83, 81

5   73, 70, 69, 65

6   60, 58, 54, 53, 52

응용 UP

1   51
64
75
88

2   50
65
83
94

3   61
78
84, 85
96, 97

4   66
72
87
100

5   57
61
76
79

6   55
60
73, 74
97, 98

연산 UP

1   <   7   >   13   <

2   <   8   <   14   >

3   >   9   <   15   <

4   <   10   >   16   <

5   >   11   <   17   >

6   <   12   >   18   >

응용 UP

1   장미

2   준하

3   아침

4   탁구공

5   지현

응용 UP 2 $83 < 86$

3 $55 < 70$

4 탁구공: 10개씩 9상자와 1개 ➡ 91개

$91 < 94$

5 지현: 10개씩 6묶음과 낱개 5개 ➡ 65개

도윤: 10개씩 5묶음과 낱개 6개 ➡ 56개

$65 > 56$

DAY 7

23쪽
24쪽

연산 UP

1. ⟮92⟯ 82 △72△
2. △56△ ⟮70⟯ 63
3. 69 51 △87△
4. 74 ⟮95⟯ △55△
5. ⟮86⟯ △58△ 60
6. △65△ 79 ⟮81⟯
7. 67 ⟮68⟯ △64△
8. ⟮77⟯ 75 △71△
9. △52△ ⟮57⟯ 54
10. 83 △80△ ⟮89⟯
11. △61△ 91 ⟮96⟯
12. ⟮84⟯ △73△ 78

응용 UP

1. 동화책
2. 벌
3. 운동화
4. 사과, 자두, 복숭아
5. 해수, 은서, 청하

응용 UP 2 $67 < 76 < 82$ 3 $72 > 69 > 59$ 4 $81 < 85 < 88$

5 은서: 89장보다 1장 더 많으므로 90장 ➡ $94 > 90 > 89$

DAY 8

25쪽
26쪽

응용 UP

1. 8, 9
2. 1, 2
3. 7, 8, 9
4. 1, 2, 3
5. 6, 7, 8, 9
6. 1, 2
7. 8, 9
8. 7, 8, 9
9. 1, 2, 3, 4
10. 1, 2, 3, 4, 5

응용 UP

1. 8 5 / 5 8
2. 9 6 / 6 9
3. 8 7 / 7 8
4. 9 5 / 5 9
5. 6 4 / 1 4
6. 7 5 / 2 5
7. 9 8 / 3 8
8. 8 6 / 6 0

응용 UP 7 □ 안에 7을 넣어 보면 $70 = 70$이므로 7은 들어갈 수 없습니다.
따라서 □ 안에 들어갈 수 있는 수는 8, 9입니다.

8 □ 안에 7을 넣어 보면 $79 > 77$이므로 7은 들어갈 수 있습니다.
따라서 □ 안에 들어갈 수 있는 수는 7, 8, 9입니다.

9 □ 안에 5를 넣어 보면 $56 > 52$이므로 5는 들어갈 수 없습니다.
따라서 □ 안에 들어갈 수 있는 수는 1, 2, 3, 4입니다.

10 □ 안에 5를 넣어 보면 $58 > 55$이므로 5는 들어갈 수 있습니다.
따라서 □ 안에 들어갈 수 있는 수는 1, 2, 3, 4, 5입니다.

1 (1) 80 (2) 56

2 (1) 69 (2) 4

3 (1) 74, 76, 77, 79, 80
  (2) 98, 96, 94, 93, 90

4 (1) > (2) < (3) <

5 63장

6 8묶음

7 태영, 세윤, 수현

8 4개

9 98, 70

5

10장씩 묶음	낱장
6	3

➡ 63

6

89 ➡

10권씩 묶음	낱권
8	9

공책은 8묶음을 팔 수 있고 9권이 남습니다.

7 62 > 59 > 52

8 □ 안에 5를 넣어 보면 54 > 53이므로 5는 들어갈 수 없습니다.
따라서 □ 안에 들어갈 수 있는 수는 6, 7, 8, 9로 모두 4개입니다.

9 0은 맨 앞에 올 수 없으므로 0을 제외한 가장 작은 수인 7을 10개씩 묶음의 수로 하면 만들 수 있는 가장 작은 수는 70입니다.

연산 UP

1	36	6	83	11	55
2	27	7	56	12	78
3	48	8	17	13	26
4	62	9	39	14	47
5	74	10	98	15	89

응용 UP

1.
```
    1 2
  +   7
    1 9
```
답 19개

2.
```
    4 0
  +   6
    4 6
```
답 46명

3.
```
      7
  + 2 1
    2 8
```
답 28송이

4.
```
    3 4
  +   3
    3 7
```
답 37쪽

연산 UP

1	45	6	96	11	62
2	67	7	59	12	48
3	70	8	37	13	81
4	56	9	80	14	76
5	84	10	75	15	99

응용 UP

연산 UP

1	17	6	83	11	28
2	54	7	37	12	90
3	86	8	79	13	44
4	95	9	64	14	57
5	78	10	46	15	85

응용 UP

위에서부터

1	1, 4	5	2, 5	9	6, 2
2	5, 3	6	6, 0	10	3, 5
3	7, 2	7	2, 6	11	8, 4
4	6, 8	8	1, 5	12	2, 4

응용 UP

2 $3+\square=8 \Rightarrow \square=5$
5 $3+\square=5 \Rightarrow \square=2$

8 $\square+0=1 \Rightarrow \square=1$
　$4+\square=9 \Rightarrow \square=5$

11 $2+\square=6 \Rightarrow \square=4$
　$\square+1=9 \Rightarrow \square=8$

3 $0+\square=2 \Rightarrow \square=2$
6 $0+\square=0 \Rightarrow \square=0$
　$\square+2=8 \Rightarrow \square=6$

9 $2+\square=8 \Rightarrow \square=6$

12 $\square+1=3 \Rightarrow \square=2$
　$2+\square=6 \Rightarrow \square=4$

4 $\square+3=9 \Rightarrow \square=6$
7 $\square+2=4 \Rightarrow \square=2$

10 $\square+4=7 \Rightarrow \square=3$

연산 UP

1 58

```
    5 6
  +   2
    5 8
```

2 17

```
    1 0
  +   7
    1 7
```

3 83

```
      2
  + 8 1
    8 3
```

4 69

```
    6 3
  +   6
    6 9
```

5 75

```
    2 5
  + 5 0
    7 5
```

6 84

```
    1 3
  + 7 1
    8 4
```

7 60

```
    4 0
  + 2 0
    6 0
```

8 98

```
    8 3
  + 1 5
    9 8
```

9 49

```
    4 7
  +   2
    4 9
```

10 56

```
    3 1
  + 2 5
    5 6
```

11 91

```
      1
  + 9 0
    9 1
```

12 32

```
    2 0
  + 1 2
    3 2
```

응용 UP

1 식 20+50=70　답 70개
2 식 5+14=19　답 19권
3 식 37+30=67　답 67마리
4 98명
5 56자루

응용 UP
4 (공부하는 사람 수)=40+18=58(명), (책 읽는 사람 수)+(공부하는 사람 수)=40+58=98(명)
5 (노란색 연필 수)=21+14=35(자루), (초록색 연필 수)+(노란색 연필 수)=21+35=56(자루)

연산 UP

1	23	6	12	11	80
2	31	7	85	12	52
3	62	8	24	13	73
4	54	9	93	14	36
5	70	10	41	15	64

응용 UP

1
```
    3 8
  -   7
    3 1
```
답 31개

2
```
    2 9
  -   5
    2 4
```
답 24권

3
```
    1 7
  -   2
    1 5
```
답 15마리

4
```
    4 6
  -   6
    4 0
```
답 40개

연산 UP

1	12	6	35	11	60
2	54	7	10	12	13
3	20	8	63	13	26
4	33	9	42	14	75
5	49	10	21	15	37

응용 UP

위에서부터

1	4, 1	5	2, 2	9	7, 3
2	7, 6	6	9, 1	10	5, 4
3	8, 3	7	9, 3	11	6, 3
4	2, 5	8	8, 2	12	6, 1

응용 UP

2 $8-\square=1 \Rightarrow \square=7$

3 $5-\square=2 \Rightarrow \square=3$

4 $\square-2=0 \Rightarrow \square=2$

5 $6-\square=4 \Rightarrow \square=2$

6 $7-\square=6 \Rightarrow \square=1$
　$\square-5=4 \Rightarrow \square=9$

7 $\square-0=9 \Rightarrow \square=9$

8 $\square-3=5 \Rightarrow \square=8$
　$8-\square=6 \Rightarrow \square=2$

9 $9-\square=2 \Rightarrow \square=7$

10 $\square-2=3 \Rightarrow \square=5$

11 $7-\square=4 \Rightarrow \square=3$
　$\square-1=5 \Rightarrow \square=6$

12 $\square-1=5 \Rightarrow \square=6$
　$2-\square=1 \Rightarrow \square=1$

연산 UP

1	43	6	31	11	67
2	11	7	84	12	30
3	35	8	28	13	71
4	50	9	13	14	25
5	22	10	46	15	93

응용 UP

1. 식 80−30=50 답 50장
2. 식 47−4=43 답 43개
3. 식 56−40=16 답 16그루
4. 65켤레
5. 72봉지

응용 UP 4 (초록색 양말 수)=78−3=75(켤레)

(노란색 양말 수)=75−10=65(켤레)

5 젤리는 초콜릿보다 15봉지 더 적고, 캐러멜은 젤리보다 12봉지 더 적습니다.

(젤리 수)=99−15=84(봉지)

(캐러멜 수)=84−12=72(봉지)

연산 UP

1. 71
```
    7 3
-     2
    7 1
```

2. 62
```
    6 6
-     4
    6 2
```

3. 35
```
    3 8
-     3
    3 5
```

4. 83
```
    8 4
-     1
    8 3
```

5. 44
```
    9 6
-   5 2
    4 4
```

6. 27
```
    4 7
-   2 0
    2 7
```

7. 51
```
    8 5
-   3 4
    5 1
```

8. 10
```
    5 0
-   4 0
    1 0
```

9. 53
```
    5 7
-     4
    5 3
```

10. 38
```
    7 9
-   4 1
    3 8
```

11. 40
```
    4 5
-     5
    4 0
```

12. 72
```
    9 5
-   2 3
    7 2
```

응용 UP

① 2	3		② 7	1	
8		③ 6			④ 5
	⑤ 3	4		⑥ 6	2
⑦ 4	0			5	
		⑧ 1	2		⑨ 2
	⑩ 2	7		⑪ 8	4

연산 UP

1	69	6	47	11	35
2	34	7	88	12	41
3	57	8	20	13	76
4	70	9	15	14	63
5	93	10	52	15	27

응용 UP

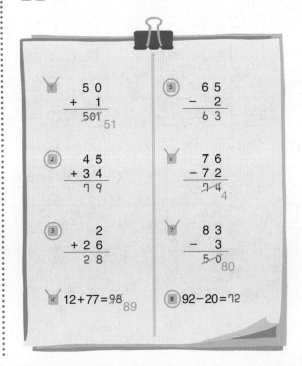

연산 UP

1. 22

```
    5 7
  - 3 5
    2 2
```

2. 84

```
    8 0
  +   4
    8 4
```

3. 61

```
    6 5
  -   4
    6 1
```

4. 57

```
    1 6
  + 4 1
    5 7
```

5. 13

```
    4 3
  - 3 0
    1 3
```

6. 78

```
      2
  + 7 6
    7 8
```

7. 95

```
    9 8
  -   3
    9 5
```

8. 80

```
    2 0
  + 6 0
    8 0
```

9. 54

```
    7 8
  - 2 4
    5 4
```

10. 46

```
    4 3
  +   3
    4 6
```

11. 30

```
    3 7
  -   7
    3 0
```

12. 99

```
    5 1
  + 4 8
    9 9
```

응용 UP

1. 식 | 36 + 41 = 77 | 답 77번

2. 식 22 + 7 = 29   답 29개

3. 식 58 - 13 = 45   답 45장

4. 식 60 + 34 = 94   답 94송이

5. 식 37 - 27 = 10
   답 사자 인형, 10개

53쪽
54쪽

연산 UP

1. $70 - 30 = 40$
   $70 - 40 = 30$

2. $29 - 21 = 8$
   $29 - 8 = 21$

3. $98 - 32 = 66$
   $98 - 66 = 32$

4. $13 + 6 = 19$
   $6 + 13 = 19$

5. $20 + 34 = 54$
   $34 + 20 = 54$

6. $42 + 45 = 87$
   $45 + 42 = 87$

응용 UP

1. 17
2. 54
3. 68
4. 93
5. 25
6. 31
7. 36
8. 42

바로 개념 (덧셈 , 뺄셈)
(덧셈 , 뺄셈)

응용 UP
2. $24 + 30 = \square \Rightarrow \square = 54$
3. $33 + 35 = \square \Rightarrow \square = 68$
4. $52 + 41 = \square \Rightarrow \square = 93$
6. $49 - 18 = \square \Rightarrow \square = 31$
7. $76 - 40 = \square \Rightarrow \square = 36$
8. $85 - 43 = \square \Rightarrow \square = 42$

55쪽
56쪽

연산 UP

1. 43
2. 6
3. 17
4. 22
5. 84
6. 3
7. 30
8. 5
9. 52
10. 63
11. 8
12. 25

응용 UP

1. 11, 34, 23, 68
2. 32, 26, 13, 45

연산 UP
2. $59 - 53 = \square \Rightarrow \square = 6$
3. $38 - 21 = \square \Rightarrow \square = 17$
4. $26 - 4 = \square \Rightarrow \square = 22$
5. $94 - 10 = \square \Rightarrow \square = 84$
6. $75 - 72 = \square \Rightarrow \square = 3$
8. $46 - 41 = \square \Rightarrow \square = 5$
9. $87 - 35 = \square \Rightarrow \square = 52$
10. $65 - 2 = \square \Rightarrow \square = 63$
11. $19 - 11 = \square \Rightarrow \square = 8$
12. $98 - 73 = \square \Rightarrow \square = 25$

응용 UP
1. $45 + 🍑 = 56 \Rightarrow 56 - 45 = 🍑 \Rightarrow 🍑 = 11$
   $45 - 11 = 🍓 \Rightarrow 🍓 = 34$
   $11 + 🍊 = 34 \Rightarrow 34 - 11 = 🍊 \Rightarrow 🍊 = 23$
   $34 + 34 = 🍌 \Rightarrow 🍌 = 68$

2. $🍇 + 🍇 = 64 \Rightarrow 🍇 = 32$
   $32 + 🍍 = 58 \Rightarrow 58 - 32 = 🍍 \Rightarrow 🍍 = 26$
   $26 - 🍒 = 🍒 \Rightarrow 🍒 = 13$
   $32 + 13 = 🍎 \Rightarrow 🍎 = 45$

연산 UP

1	12	7	27
2	4	8	58
3	73	9	65
4	7	10	73
5	20	11	46
6	41	12	89

응용 UP

1 식 $28-\square=11$ 답 17개
2 식 $12+\square=18$ 답 6마리
3 식 $\square-25=4$ 답 29명
4 식 $\square+13=47$ 답 34개

연산 UP

2 $67-63=\square \Rightarrow \square=4$
3 $88-15=\square \Rightarrow \square=73$
4 $49-42=\square \Rightarrow \square=7$
5 $51-31=\square \Rightarrow \square=20$
6 $97-56=\square \Rightarrow \square=41$
8 $52+6=\square \Rightarrow \square=58$
9 $33+32=\square \Rightarrow \square=65$
10 $70+3=\square \Rightarrow \square=73$
11 $25+21=\square \Rightarrow \square=46$
12 $84+5=\square \Rightarrow \square=89$

응용 UP

2 $18-12=\square \Rightarrow \square=6$
3 $4+25=\square \Rightarrow \square=29$
4 $47-13=\square \Rightarrow \square=34$

1 (1) 18 (2) 35 (3) 64
  (4) 83 (5) 51 (6) 25
  (7) 49 (8) 70 (9) 97

2 (1) 41 (2) 23 (3) 52
  (4) 34 (5) 15 (6) 47
  (7) 90 (8) 68 (9) 26

3 위에서부터 (1) 5, 6 (2) 8, 4
4 (1) 84 (2) 31
5 식 $42+23=65$ 답 65개
6 식 $15-4=11$ 답 11살
7 식 $30+\square=54$ 또는 $54-30=24$
  답 24자루

3 (1) $3+\square=9 \Rightarrow \square=6$
  $\square+2=7 \Rightarrow \square=5$
(2) $\square-2=6 \Rightarrow \square=8$
  $6-\square=2 \Rightarrow \square=4$

4 (1) $34+50=\square \Rightarrow \square=84$
(2) $57-26=\square \Rightarrow \square=31$

7 선물 받은 색연필 수를 $\square$라고 하면
  $30+\square=54 \Rightarrow 54-30=\square \Rightarrow \square=24$

03 여러 가지 모양

DAY
24

65쪽
66쪽

연산 UP

1
2
3
4
5

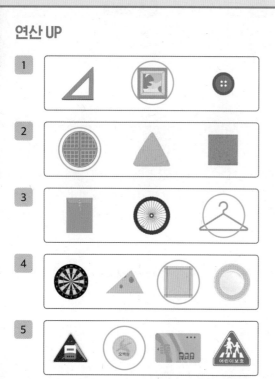

응용 UP

(예)

DAY
25

67쪽
68쪽

연산 UP

1	○	6	△	11	□
2	△	7	□	12	△
3	□	8	△	13	○
4	○	9	○	14	□
5	□	10	○	15	△

응용 UP

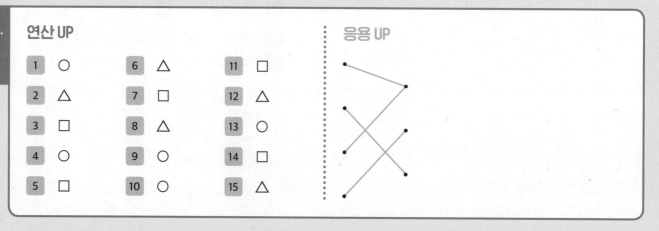

연산 UP

1 1
  3
  2

2 3
  1
  6

3 5
  3
  1

4 8
  2
  6

응용 UP

연산 UP

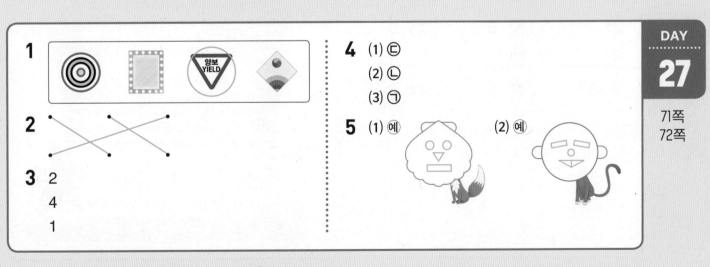

1

2

3 2
   4
   1

4 (1) ㉢
   (2) ㉡
   (3) ㉠

5 (1) 예   (2) 예

4 (1) 뾰족한 곳이 없고 둥근 부분이 있는 ⬤ 모양입니다.

04 덧셈과 뺄셈(2)

연산 UP

1	2	7	5	13	9
2	4	8	2	14	3
3	5	9	1	15	6
4	1	10	7	16	8
5	7	11	9	17	6
6	8	12	4	18	3

응용 UP

1 식 9+1=10 답 10마리
2 식 6+4=10 답 10자루
3 식 5+5=10 답 10쪽
4 식 2+8=10 답 10송이
5 10개

응용 UP 5 (세연이가 먹은 송편 수)＝(주연이가 먹은 송편 수)＋4＝3＋4＝7(개)

(주연이가 먹은 송편 수)＋(세연이가 먹은 송편 수)＝3＋7＝10(개)

연산 UP

1	4	7	7	13	2
2	1	8	8	14	7
3	3	9	9	15	6
4	2	10	6	16	3
5	5	11	1	17	8
6	4	12	5	18	9

응용 UP

응용 UP 합이 10인 덧셈 1＋9, 2＋8, 3＋7, 4＋6, 5＋5, 6＋4, 7＋3, 8＋2, 9＋1을 찾아 따라갑니다.

연산 UP

1	12	7	11	13	16
2	13	8	12	14	13
3	14	9	14	15	14
4	11	10	16	16	12
5	17	11	15	17	15
6	12	12	13	18	11

응용 UP

1 식 6+7=13　답 13권
2 식 8+4=12　답 12개
3 식 9+5=14　답 14마리
4 식 7+8=15　답 15대
5 11개

응용 UP　5 (지현이가 딴 귤 수)=(서진이가 딴 귤 수)+1=5+1=6(개)
　　　　　　(서진이가 딴 귤 수)+(지현이가 딴 귤 수)=5+6=11(개)

연산 UP

1	13	7	16	13	15
2	11	8	18	14	12
3	12	9	11	15	14
4	14	10	13	16	11
5	11	11	17	17	12
6	15	12	11	18	13

응용 UP

1

+6	
5	11
8	14
6	12
7	13

2

+7	
8	15
5	12
9	16
6	13

3

+8	
9	17
7	15
8	16
4	12

4

+9	
7	16
2	11
5	14
9	18

응용 UP
2　8+7=15
　　5+7=12
　　9+7=16
　　6+7=13

3　9+8=17
　　7+8=15
　　8+8=16
　　4+8=12

4　7+9=16
　　2+9=11
　　5+9=14
　　9+9=18

DAY 32	연산 UP					응용 UP		
85쪽 86쪽	1	7	7	2	13	9	1	식 10−5=5 답 5개
	2	5	8	6	14	2	2	식 10−8=2 답 2살
	3	4	9	9	15	3	3	식 10−1=9 답 9개
	4	8	10	5	16	6	4	식 10−7=3 답 3송이
	5	1	11	7	17	8	5	식 10−4=6 답 금붕어, 6마리
	6	3	12	4	18	1		

응용 UP 5 4＜10이므로 금붕어가 열대어보다 10−4＝6(마리) 더 많습니다.

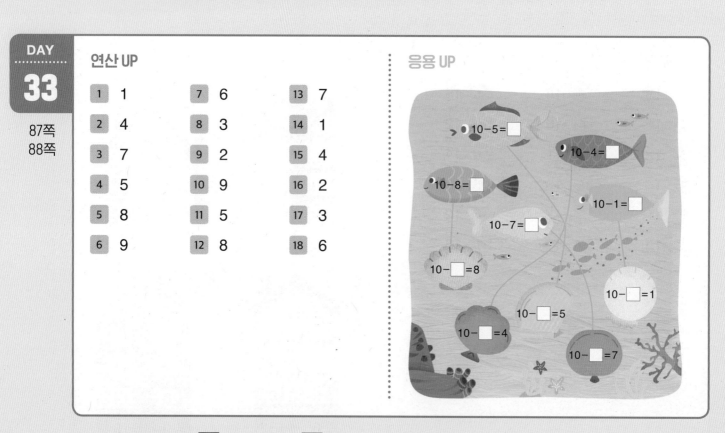

DAY 33	연산 UP					
87쪽 88쪽	1	1	7	6	13	7
	2	4	8	3	14	1
	3	7	9	2	15	4
	4	5	10	9	16	2
	5	8	11	5	17	3
	6	9	12	8	18	6

응용 UP   10−5=5   10−5=5
          10−4=6   10−6=4
          10−8=2   10−2=8
          10−1=9   10−9=1
          10−7=3   10−3=7

연산 UP

1	8	7	2	13	6
2	5	8	7	14	8
3	7	9	8	15	4
4	9	10	6	16	9
5	8	11	9	17	6
6	6	12	3	18	9

응용 UP

1 식 $14-8=6$ 답 6개
2 식 $12-3=9$ 답 9조각
3 식 $15-7=8$ 답 8명
4 식 $11-6=5$ 답 5대
5 식 $16-9=7$ 답 7자루

연산 UP

1	3	7	8	13	7
2	5	8	7	14	9
3	7	9	8	15	7
4	8	10	4	16	5
5	9	11	5	17	9
6	4	12	9	18	6

응용 UP

1
$11 - 7 = 4$
$18 - 7 = 11$
$18 - 11 = 7$

2 예
$12 - 4 = 8$
$16 - 4 = 12$
$16 - 12 = 4$

3 예
$13 - 6 = 7$
$19 - 6 = 13$
$19 - 13 = 6$

4 예
$14 - 5 = 9$
$19 - 5 = 14$
$19 - 14 = 5$

응용 UP 2 왼쪽 고리와 오른쪽 고리 수의 차를 구하는 뺄셈식 ➡ $12-4=8$

왼쪽 고리 수를 구하는 뺄셈식 ➡ $16-4=12$

오른쪽 고리 수를 구하는 뺄셈식 ➡ $16-12=4$

3 곰 인형과 로봇 수의 차를 구하는 뺄셈식 ➡ $13-6=7$

곰 인형 수를 구하는 뺄셈식 ➡ $19-6=13$

로봇 수를 구하는 뺄셈식 ➡ $19-13=6$

4 초록색 자석과 분홍색 자석 수의 차를 구하는 뺄셈식 ➡ $14-5=9$

초록색 자석 수를 구하는 뺄셈식 ➡ $19-5=14$

분홍색 자석 수를 구하는 뺄셈식 ➡ $19-14=5$

1 (1) 10　(2) 15　(3) 11
　(4) 14　(5) 17　(6) 10
　(7) 13　(8) 10　(9) 16

2 (1) 8　(2) 9　(3) 7
　(4) 4　(5) 3　(6) 8
　(7) 9　(8) 6　(9) 2

3 (1) 1　(2) 8　(3) 3
　(4) 6　(5) 9　(6) 5
　(7) 2　(8) 7　(9) 4

4 (1) 11, 13, 14　(2) 4, 7, 8

5 예 $11 - 6 = 5$
　　　$17 - 6 = 11$
　　　$17 - 11 = 6$

6 식 9+3=12　답 12마리

7 식 14−6=8　답 8개

8 식 10−7=3　답 재하, 3장

4 (1) $6+5=11$　　　　　　(2) $12-8=4$
　　　$8+5=13$　　　　　　　$15-8=7$
　　　$9+5=14$　　　　　　　$16-8=8$

5 사과와 배 수의 차를 구하는 뺄셈식 ➡ $11-6=5$
　사과 수를 구하는 뺄셈식 ➡ $17-6=11$
　배 수를 구하는 뺄셈식 ➡ $17-11=6$

8 $7<10$이므로 재하가 건우보다 색종이를 $10-7=3$(장) 더 많이 가지고 있습니다.

05 덧셈과 뺄셈(3)

연산 UP

1	11	4	6	7	8
	12		5		9
	13		4		12
	14		3		13
2	15	5	6	8	7
	14		7		6
	13		8		5
	12		9		4
3	15	6	8	9	4
	15		8		5
	16		8		5
	16		8		6

바로개념 합

응용 UP

1	7
2	9
3	8
4	2

연산 UP 2 1씩 작은 수를 더하면 합도 1씩 작아집니다.

5 처음 수가 1씩 커지면 차도 1씩 커집니다.

6 두 수가 각각 1씩 커지면 차는 같습니다.

응용 UP 2 $3+7=10$ $8+3=11$ $7+8=15$
$6+4=10$ $9+2=11$ $6+\square=15 \Rightarrow \square=9$

3 $2+2=4$ $3+3=6$ $4+4=8$
$5+5=10$ $7+7=14$ $6+6=12$

4 $11-6=5$ $12-5=7$ $15-7=8$
$14-9=5$ $13-6=7$ $10-\square=8 \Rightarrow \square=2$

연산 UP

1	13	7	6	13	10
2	12	8	2	14	16
3	15	9	4	15	11
4	10	10	9	16	7
5	14	11	5	17	8
6	17	12	7	18	9

응용 UP

1 식 $7+5=12$ 답 12장
2 식 $17-8=9$ 답 9명
3 식 $4+6=10$ 답 10개
4 18병
5 유나

응용 UP 4 (감귤주스 수)=(딸기주스 수)−4=11−4=7(병)

(딸기주스 수)+(감귤주스 수)=11+7=18(병)

5 범수: 6+7=13, 유나: 9+5=14

➡ 13<14이므로 유나가 이겼습니다.

연산 UP

1	5	7	9	13	2
2	11	8	10	14	16
3	8	9	6	15	7
4	14	10	13	16	10
5	5	11	8	17	9
6	18	12	12	18	15

응용 UP

1
5	6	11	4	9
2	8	4	12	13
1	3	7	7	14
6	9	8	17	5
3	7	10	2	16

2
15−8=7	3	16
14	5	10−4=6
7	11−9=2	14
12−7=5	6	17
18	9	13−5=8

연산 UP

1	6	7	7	13	3
2	5	8	2	14	1
3	9	9	4	15	8
4	6	10	7	16	9
5	4	11	8	17	6
6	8	12	9	18	8

응용 UP

1	9	3	5
2	4	4	8

연산 UP

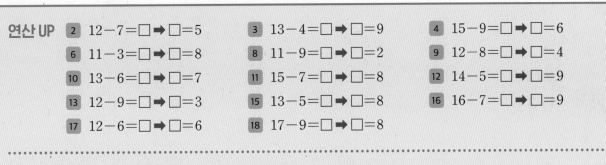

2 $12-7=\square \Rightarrow \square=5$ 　　3 $13-4=\square \Rightarrow \square=9$ 　　4 $15-9=\square \Rightarrow \square=6$

6 $11-3=\square \Rightarrow \square=8$ 　　8 $11-9=\square \Rightarrow \square=2$ 　　9 $12-8=\square \Rightarrow \square=4$

10 $13-6=\square \Rightarrow \square=7$ 　　11 $15-7=\square \Rightarrow \square=8$ 　　12 $14-5=\square \Rightarrow \square=9$

13 $12-9=\square \Rightarrow \square=3$ 　　15 $13-5=\square \Rightarrow \square=8$ 　　16 $16-7=\square \Rightarrow \square=9$

17 $12-6=\square \Rightarrow \square=6$ 　　18 $17-9=\square \Rightarrow \square=8$

응용 UP

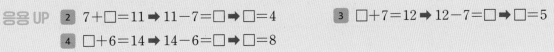

2 $7+\square=11 \Rightarrow 11-7=\square \Rightarrow \square=4$ 　　3 $\square+7=12 \Rightarrow 12-7=\square \Rightarrow \square=5$

4 $\square+6=14 \Rightarrow 14-6=\square \Rightarrow \square=8$

연산 UP

1	8	7	13	13	9
2	4	8	12	14	14
3	9	9	16	15	6
4	7	10	10	16	11
5	2	11	11	17	8
6	8	12	17	18	18

응용 UP

1	식 $14-\square=9$	답 5
2	식 $\square+7=15$	답 8
3	식 $\square-6=5$	답 11개
4	식 $9+\square=16$	답 7명
5	식 $12-\square=8$	답 4장

연산 UP

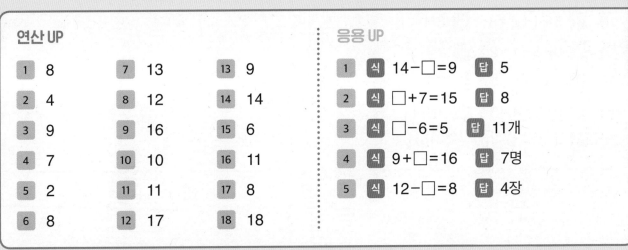

2 $13-9=\square \Rightarrow \square=4$ 　　3 $11-2=\square \Rightarrow \square=9$ 　　4 $14-7=\square \Rightarrow \square=7$

6 $15-7=\square \Rightarrow \square=8$ 　　8 $7+5=\square \Rightarrow \square=12$ 　　9 $8+8=\square \Rightarrow \square=16$

11 $6+5=\square \Rightarrow \square=11$ 　　12 $8+9=\square \Rightarrow \square=17$ 　　13 $16-7=\square \Rightarrow \square=9$

14 $8+6=\square \Rightarrow \square=14$ 　　15 $12-6=\square \Rightarrow \square=6$ 　　16 $4+7=\square \Rightarrow \square=11$

17 $13-5=\square \Rightarrow \square=8$ 　　18 $9+9=\square \Rightarrow \square=18$

응용 UP

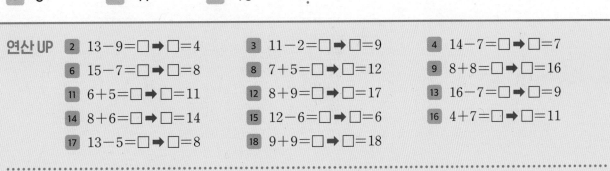

2 $15-7=\square \Rightarrow \square=8$ 　　3 $5+6=\square \Rightarrow \square=11$

4 $16-9=\square \Rightarrow \square=7$ 　　5 $12-8=\square \Rightarrow \square=4$

연산 UP

1 3+2+1= 6
5
6

2 2+1+2= 5
3
5

3 1+3+4= 8
4
8

4 2+4+3= 9
6
9

5 4-1-2= 1
3
1

6 7-3-1= 3
4
3

7 5-2-1= 2
3
2

8 8-6-2= 0
2
0

9 1+1+5= 7
2
7

10 5+3+2= 10
8
10

11 6-2-3= 1
4
1

12 9-1-4= 4
8
4

응용 UP

1 식 5+1+2=8   답 8개

2 식 6-3-1=2   답 2장

3 식 3+2+2=7   답 7개

4 식 9-2-4=3   답 3송이

5 식 4+5+1=10   답 10자루

응용 UP **1** 5+1+2=8
6
8

2 6-3-1=2
3
2

3 3+2+2=7
5
7

4 9-2-4=3
7
3

5 4+5+1=10
9
10

연산 UP

1 ⟨8+2⟩+5=15

2 ⟨3+7⟩+4=14

3 ⟨9+1⟩+6=16

4 ⟨4+6⟩+3=13

5 2+⟨5+5⟩=12

6 7+⟨6+4⟩=17

7 1+⟨2+8⟩=11

8 8+⟨7+3⟩=18

9 ⟨1+3+9⟩=13

10 ⟨8+6+2⟩=16

11 ⟨4+2+6⟩=12

12 ⟨5+9+5⟩=19

응용 UP

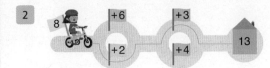

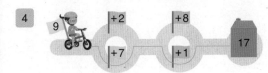

연산 UP

1 8+2+5=15
   10
   15

2 3+7+4=14
   10
   14

3 9+1+6=16
   10
   16

4 4+6+3=13
   10
   13

5 2+5+5=12
   10
   12

6 7+6+4=17
   10
   17

7 1+2+8=11
   10
   11

8 8+7+3=18
   10
   18

9 1+3+9=13
   10
   13

10 8+6+2=16
   10
   16

11 4+2+6=12
   10
   12

12 5+9+5=19
   10
   19

응용 UP

1 5+5+4=14
   10
   14

2 8+2+3=13
   10
   13

3 6+3+7=16
   10
   16

4 9+7+1=17
   10
   17

연산 UP

1	7	7	2	13	11
2	8	8	1	14	12
3	5	9	3	15	18
4	9	10	0	16	16
5	6	11	4	17	17
6	10	12	2	18	15

응용 UP

1 식 $10-1-3=6$ 답 6개
2 식 $6+4+5=15$ 답 15그루
3 식 $18-9-6=3$ 답 3명
4 식 $4+4+3=11$ 답 11개
5 식 $12-4-4=4$ 답 4권

연산 UP

1 $1+2+4=7$
   3
   7

2 $2+5+1=8$
   7
   8

3 $3+1+1=5$
   4
   5

4 $1+6+2=9$
   7
   9

5 $2+2+2=6$
   4
   6

6 $4+1+5=10$
   5
   10

7 $8-3-3=2$
   5
   2

8 $5-3-1=1$
   2
   1

9 $6-1-2=3$
   5
   3

10 $4-1-3=0$
   3
   0

11 $7-2-1=4$
   5
   4

12 $9-5-2=2$
   4
   2

13 $6+4+1=11$
   10
   11

14 $2+3+7=12$
   10
   12

15 $9+8+1=18$
   10
   18

16 $5+5+6=16$
   10
   16

17 $7+8+2=17$
   10
   17

18 $4+5+6=15$
   10
   15

응용 UP

1 $10-1-3=6$
   9
   6

2 $6+4+5=15$
   10
   15

3 $18-9-6=3$
   9
   3

4 $4+4+3=11$
   8
   11

5 $12-4-4=4$
   8
   4

1 (1) 10　(2) 9　(3) 12
　　　11　　　8　　　12
　　　12　　　7　　　15
　　　13　　　6　　　15

2 (1) 6　(2) 5　(3) 13
　　(4) 1　(5) 7　(6) 2
　　(7) 14　(8) 8　(9) 16

3 (1) 2　(2) 9　(3) 6
　　(4) 13　(5) 7　(6) 4
　　(7) 5　(8) 10　(9) 9

4

5	$12-8=4$	1
$13-6=7$	15	9
16	8	$10-7=3$
7	$11-5=6$	14
12	3	$17-9=8$

5 식 $4+1+3=8$　답 8권

6 식 $7-2-4=1$　답 1개

7 식 $\square+8=17$ 또는 $17-8=9$
　　답 9마리

2 (1) $1+2+3=6$
　　　　3
　　　　6

(2) $8-1-2=5$
　　7
　　5

(3) $2+8+3=13$
　　10
　　13

(4) $9-6-2=1$
　　3
　　1

(5) $4+2+1=7$
　　6
　　7

(6) $10-6-2=2$
　　4
　　2

(7) $4+3+7=14$
　　10
　　14

(8) $12-3-1=8$
　　9
　　8

(9) $9+2+5=16$
　　11
　　16

3 (1) $11-9=\square \Rightarrow \square=2$

(2) $15-6=\square \Rightarrow \square=9$

(3) $10-4=\square \Rightarrow \square=6$

(4) $8+5=\square \Rightarrow \square=13$

(5) $14-7=\square \Rightarrow \square=7$

(6) $11-7=\square \Rightarrow \square=4$

(7) $12-7=\square \Rightarrow \square=5$

(8) $5+5=\square \Rightarrow \square=10$

(9) $13-4=\square \Rightarrow \square=9$

5 $4+1+3=8$
　　5
　　8

6 $7-2-4=1$
　　5
　　1

7 $\square+8=17 \Rightarrow 17-8=\square \Rightarrow \square=9$

DAY 46

121쪽
122쪽

연산 UP

1	1	5	2, 30	9	3, 30
2	4	6	5, 30	10	6, 30
3	7	7	8, 30	11	9, 30
4	10	8	11, 30	12	12, 30

응용 UP

1 준희

2 민재

3 어머니

4 윤수, 태영, 연주

연산 UP

2 짧은바늘: 4 ┐
긴바늘: 12 ┘ ➡ 4시

4 짧은바늘: 10 ┐
긴바늘: 12 ┘ ➡ 10시

7 짧은바늘: 8과 9 사이 ┐
긴바늘: 6 ┘ ➡ 8시 30분

9 짧은바늘: 3과 4 사이 ┐
긴바늘: 6 ┘ ➡ 3시 30분

11 짧은바늘: 9와 10 사이 ┐
긴바늘: 6 ┘ ➡ 9시 30분

3 짧은바늘: 7 ┐
긴바늘: 12 ┘ ➡ 7시

6 짧은바늘: 5와 6 사이 ┐
긴바늘: 6 ┘ ➡ 5시 30분

8 짧은바늘: 11과 12 사이 ┐
긴바늘: 6 ┘ ➡ 11시 30분

10 짧은바늘: 6과 7 사이 ┐
긴바늘: 6 ┘ ➡ 6시 30분

12 짧은바늘: 12와 1 사이 ┐
긴바늘: 6 ┘ ➡ 12시 30분

응용 UP

2 <u>2시 30분</u> ➡ <u>3시</u>
　민재　　　시연

따라서 동현이가 오늘 미술관에서 더 먼저 만난 친구는 민재입니다.

3 <u>9시 30분</u> ➡ <u>10시 30분</u> ➡ <u>11시</u>
　은서　　　　아버지　　　어머니

따라서 가장 늦게 잠자리에 든 사람은 어머니입니다.

4 <u>6시 30분</u> ➡ <u>7시</u> ➡ <u>8시</u>
　윤수　　　태영　　연주

따라서 일찍 일어난 사람부터 순서대로 쓰면 윤수, 태영, 연주입니다.

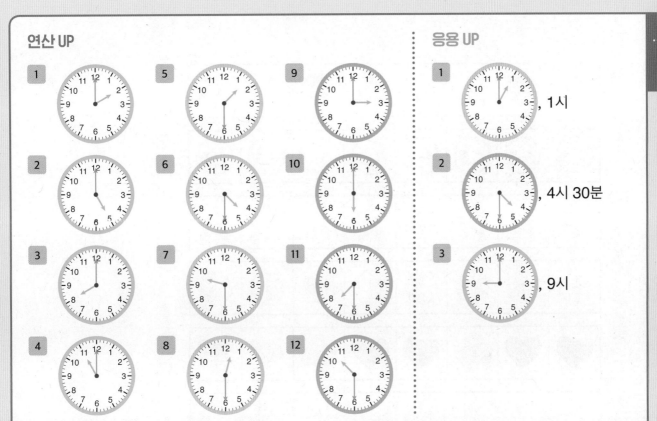

연산 UP

응용 UP

, 1시

, 4시 30분

, 9시

연산 UP

2 5시 ➡ ┌ 짧은바늘: 5
└ 긴바늘: 12

3 8시 ➡ ┌ 짧은바늘: 8
└ 긴바늘: 12

4 11시 ➡ ┌ 짧은바늘: 11
└ 긴바늘: 12

6 4시 30분 ➡ ┌ 짧은바늘: 4와 5 사이
└ 긴바늘: 6

7 9시 30분 ➡ ┌ 짧은바늘: 9와 10 사이
└ 긴바늘: 6

8 12시 30분 ➡ ┌ 짧은바늘: 12와 1 사이
└ 긴바늘: 6

9 3:00 ➡ ┌ 짧은바늘: 3
└ 긴바늘: 12

10 6:00 ➡ ┌ 짧은바늘: 6
└ 긴바늘: 12

11 7:30 ➡ ┌ 짧은바늘: 7과 8 사이
└ 긴바늘: 6

12 10:30 ➡ ┌ 짧은바늘: 10과 11 사이
└ 긴바늘: 6

응용 UP

1 12시 ─1바퀴→ 1시

2 3시 30분 ─1바퀴→ 4시 30분

3 7시 ─1바퀴→ 8시 ─1바퀴→ 9시

연산 UP

1

2

3

4

5

6

응용 UP

1 딸기, 포도

2 연필, 지우개, 지우개

3 나비, 나비, 달팽이

4 인형, 인형, 로봇, 로봇

연산 UP

2 ☺☹이 반복되는 규칙이므로 ☹ 다음에 ☺☹을 그립니다.

3 ◆★★이 반복되는 규칙이므로 두 번째 ★ 다음에 ◆★을 그립니다.

4 ◑◐이 반복되는 규칙이므로 ◐ 다음에 ◑◐을 그립니다.

5 ♥♥♧이 반복되는 규칙이므로 ♧ 다음에 ♥♥을 그립니다.

6 2시－7시가 반복되는 규칙이므로 7시 다음에 2시－7시의 시곗바늘을 그립니다.

연산 UP

1 2, 7

2 9, 4

3 18, 24

4 50, 70, 80

5 8, 6

6 25, 20, 10

응용 UP

1

11	12	13	14	15	16	17	18	19	20
21	22	23	24	25	26	27	28	29	30
31	32	33	34	35	36	37	38	39	40

규칙 2

2

41	42	43	44	45	46	47	48	49	50
51	52	53	54	55	56	57	58	59	60
61	62	63	64	65	66	67	68	69	70

규칙 3

3

71	72	73	74	75	76	77	78	79	80
81	82	83	84	85	86	87	88	89	90
91	92	93	94	95	96	97	98	99	100

규칙 예) 73부터 시작하여 5씩 커집니다.

연산 UP 2 9-4-4가 반복되는 규칙입니다.

3 3부터 시작하여 3씩 커지는 규칙입니다.

4 10부터 시작하여 10씩 커지는 규칙입니다.

5 18부터 시작하여 2씩 작아지는 규칙입니다.

6 45부터 시작하여 5씩 작아지는 규칙입니다.

응용 UP 1 11-13-15-17-19-21-23-25-27-29-31-33-35-37-39

➡ 11부터 시작하여 2씩 커지는 규칙입니다.

➡ 11부터 시작하여 2씩 뛰어 세는 규칙입니다.

2 42-45-48-51-54-57-60-63-66-69

➡ 42부터 시작하여 3씩 커지는 규칙입니다.

➡ 42부터 시작하여 3씩 뛰어 세는 규칙입니다.

3 73-78-83-88-93-98

➡ 73부터 시작하여 5씩 커지는 규칙입니다.

➡ 73부터 시작하여 5씩 뛰어 세는 규칙입니다.

1 (1) 4, 30　　(2) 8　　(3) 10, 30

2 (1) 　　(2) ⏰　　(3) ⏰

3 🔴 🔶 🔴 🔶 🔴 🔶 🔴 🔶

4 5, 3

5 진서

6 , 9시 30분

7 (1) 예) 자동차-자동차-비행기가 반복됩니다.

　　(2) 예) 61부터 시작하여 4씩 커집니다.

---

1 (1) 짧은바늘: 4와 5 사이 ⎤
　　　긴바늘:　 6　　　　⎦ ➡ 4시 30분

　(2) 짧은바늘: 8　⎤
　　　긴바늘: 12 ⎦ ➡ 8시

　(3) 짧은바늘: 10과 11 사이 ⎤
　　　긴바늘:　 6　　　　　⎦ ➡ 10시 30분

2 (1) 4시 ➡ ⎡ 짧은바늘: 4
　　　　　　⎣ 긴바늘:　12

　(2) 5시 30분 ➡ ⎡ 짧은바늘: 5와 6 사이
　　　　　　　　⎣ 긴바늘:　 6

　(3) 9시 ➡ ⎡ 짧은바늘: 9
　　　　　　⎣ 긴바늘:　12

3 🔴🔴🔶이 반복되므로 🔴 다음에 🔶🔴🔶을 그립니다.

4 17부터 시작하여 2씩 작아지는 규칙입니다.

5 1시 ➡ 2시 ➡ 2시 30분
　　진서　 현우　　나은
　따라서 도서관에 가장 빨리 도착한 사람은 진서입니다.

6 8시 30분 ──1바퀴──➤ 9시 30분

7 (2) 61 - 65 - 69 - 73 - 77
　　➡ 61부터 시작하여 4씩 커지는 규칙입니다.
　　➡ 61부터 시작하여 4씩 뛰어 세는 규칙입니다.

기적의 학습서

" 오늘도 한 뼘 자랐습니다. "

수학 실력을 키우는 기적 시리즈

지금 나에게 필요한 책을 찾아보세요.

실수제로!
마지막에 계산 실수로 문제를 틀리는 학생들을 위한 책은?

수학의 기본! 대한민국 1등 연산!

하루에 한 장씩, 5일 반복훈련!
연산의 정확성부터 속도까지 모두 잡아요.

7세~초등6학년 ‖ 전 12권

편식제로!
연산과 연산적용 문제를 동시에 공부하고 싶은 학생들을 위한 책은?

기본에 응용을 더한 연산 완성 학습서!

앞면 연산을, 뒷면 응용에 바로 적용하는 균형학습!
매일 다른 유형의 응용문제를 학습하며 응용력을 키워요.

초등1~6학년 ‖ 전 12권

구멍제로!
계산은 잘하지만 문장제만 보면 앞이 캄캄해지는 학생들을 위한 책은?

바로 이해하고 쉽게 해결하는 문제해결의 시작!

어려운 문장제가 술술 풀리는 기적 솔루션!
핵심어독해법, 절차학습법으로 문제해결 방법을 익혀요.

초등1~6학년 ‖ 전 12권

포기제로!
최상위 수학문제를 잘 풀고 싶지만 어려워 헤매는 학생들을 위한 책은?

수학적 문제해결력을 키우는 심화경시 학습서!

출제 원리에 따른 3가지 학습설계 유형!
조건의 변화, 비교를 통해 논리적으로 사고하는 방법을 깨달아요.

초등3~6학년 ‖ 전 8권

기적의 계산법 응용 UP 권별 학습 주제

_____ 학년 _____ 반

이름 _____

제 품 명 : 기적의 계산법 응용UP 2권
제조사명 : 길벗스쿨
제조국명 : 대한민국
전화번호 : 02-332-0931
주　　소 : 서울시 마포구 월드컵로
　　　　　10길 56 (서교동)
제조년월 : 판권에 별도 표기
사용연령 : 8세
KC마크는 이 제품이 공통안전기준에
적합하였음을 의미합니다.

정가 9,000원

ISBN 979-11-6406-296-6

수학의 기본 ★★

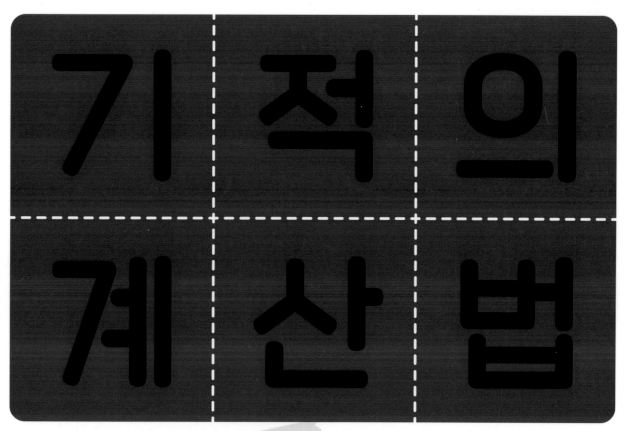

기적의 계산법

자연수의 덧셈과 뺄셈 중급
· 받아올림이 있는 (한/두 자리 수)+(한 자리 수)
· 받아내림이 있는 (두 자리 수)−(한 자리 수)

초등 1학년
2권

길벗스쿨

지은이 **기적학습연구소**

"혼자서 작은 산을 넘는 아이가 큰 산도 넘습니다."

본 연구소는 아이들이 스스로 큰 산까지 넘을 수 있는 힘을 키워 주고자 합니다.

아이들의 연령에 맞게 학습의 산을 작게 설계하여 혼자서 넘을 수 있다는 자신감을 심어 주고,

때로는 작은 고난도 경험하게 하여 가슴 벅찬 성취감을 느끼게 합니다.

국어, 수학, 유아 분과의 학습 전문가들이 아이들에게 실제로 적용해서 검증하며 차근차근 책을 출간합니다.

– 국어 분과 대표 저작물 : 〈기적의 독서논술〉, 〈기적의 독해력〉 외 다수

– 수학 분과 대표 저작물 : 〈기적의 계산법〉, 〈기적의 초등수학〉, 〈기적의 중학연산〉 외 다수

– 유아 분과 대표 저작물 : 〈기적 워크북 4+〉, 〈기적 워크북 5+〉